KB098115

# 비핵화 협상:
## 위험한 실험

**비핵화 협상: 위험한 실험**

초판 인쇄 2020년 4월 5일
초판 발행 2020년 4월 10일

**지은이** 박휘락 | **펴낸이** 이찬규 | **펴낸곳** 북코리아
**등록번호** 제03-01240호 | **전화** 02-704-7840 | **팩스** 02-704-7848
**이메일** sunhaksa@korea.com | **홈페이지** www.북코리아.kr
**주소** 13209 경기도 성남시 중원구 사기막골로 45번길 14 우림2차 A동 1007호
ISBN 978-89-6324-703-8 93390

값 20,000원

* 이 저서는 2019년 대한민국 교육부와 한국연구재단의 지원을 받아 수행된 연구입니다.
(NRF-2019S1A5A2A01036749)

# 비핵화 협상: 위험한 실험

박휘락 지음

북코리아

# 들어가며

## 1

2020년의 시작과 더불어 '코로나 19' 바이러스로 한국은 시험에 들었다. 조기 차단에 실패해 바이러스가 전국적 범위로 확산되면서 국민들이 평소 활동을 제대로 영위하지 못할 정도로 엄청난 불안에 시달려야 했고, 심각한 경제적 피해가 수반되었기 때문이다. 미국이나 유럽 국가들의 엄청난 피해에 비교하면 매우 잘 대응한 결과가 되었지만, 초기에 더욱 단호하게 대응했더라면 하는 아쉬움은 없지 않다.

'코로나 19'가 중국에서 기인했기 때문에 중국에 인접하고 있을 뿐만 아니라 활발한 인적 및 경제적 교류관계를 갖고 있는 한국이라서 다소 간의 피해는 불가피한 상황이었다. 신천지 교회의 은밀한 행사방식도 예상하지 못한 요소였다. 다만 대만, 홍콩, 싱가포르도 중국에 인접하고 있지만 훨씬 작은 피해로 막아냈다는 점에서, 그리고 수백 명 사망자 가족들의 슬픔을 생각하면 반성할 부분도 없지 않다. 처음에 중국인의 유입과 한국인의 중국 여행을 과도하다 싶을 정도로 사전에 차단했거나 단체 행사를 과감하게 사전에 자제시켰더라면 피해의 규모는 훨씬 줄었을 것이기 때문이다. "괜찮겠지"라는 안일한 마음이 없었다고 할 수 없다.

"괜찮겠지"라는 안일한 자세는 북핵에도 적용되어 왔다. 역대 정부들은 북한이 핵무기 개발을 시도하는 초기 단계에 단호하게 대응하지 못해 핵무기 개발을 허용하게 됐다. 문재인 정부 역시 "북한이 핵무기를 포기하는 전략적 결정을 내렸다"면서 협상만 하면 북핵을 폐기시킬 수 있다고 믿은 채 최악의 상황을 가정한 철저한 대비책은 강구하지 않았다.

지난 일이지만, 1994년 미국이 북한의 영변 핵시설을 파괴하고자 할 때 한국이 찬성해 강행했더라면, 현재의 핵위기는 미연에 예방됐을 것이다. 잠시 혼란이 있었더라도 북한의 핵개발을 원초적으로 차단하는 결과가 되었을 것이기 때문이다. 북한과 핵폐기 협상을 시작했더라도 미국과의 긴밀한 공조를 바탕으로 더욱 철저하게 북한을 압박했더라면 현재보다는 훨씬 희망적인 협상결과를 얻었을 것이다. 결국 북한이 핵무기를 포기할 것이라고 믿으면서 미국과 북한 간의 협상에 맡겨둔 채 안일하게 시간을 보낸 결과 북한은 사실상의 핵보유국이 됐고, 미북 협상도 중단되고 말았으며, 남북관계도 전면적으로 차단된 상태가 되고 말았다.

코로나 19와 같은 전염병의 발병과 확산도 당연히 심각한 사태이다. 그렇지만 이것으로 엄청난 숫자의 국민이 사망하는 것은 아니고, 열심히 노력하면 초기 대응의 실패를 어느 정도는 만회할 수 있다. 그러나 전쟁 특히 핵무기가 관련된 전쟁이 발발하면 엄청난 수의 국민들이 순식간에 사망하고, 나라 전체가 초토화될 것이며, 국가의 패망에도 이를 수 있다. 북핵에 관해서는 조금의 안일도 허용되어서는 곤란한 것이다. 당연히 최악의 상황까지 상정한 다음에 그것을 예방하는 데 필요한 모든 노력을 경주해야 하고, 그 최악의 사태가 발생하더라도 국민의 생명과 재산을 보호할 수 있는 만전의 태세를 강구해야 한다.

불행하게도 현재 북핵에 대한 한국의 대비 태도는 어떤 상황에서도 국민의 안전을 보장할 수 있는 방향은 아니다. 2018년 초부터 시작된 대화와 타협을 통한 북핵 폐기 노력이 전혀 성과를 거두지 못했음에도 여전히 미련을 버리지 못한 채 최악의 사태에는 별로 대비하지 않고 있기 때문이다. 정부는 북핵 위협이 없는 것처럼 무관심한 태도이고, 국민들도 그런 정부를 애써 믿고자 하면서 불안감을 감추고 있다. '비핵화(Denuclearization)'를 주제로 한 2년 동안의 협상을 분석하고, 교훈을 도출해 향후의 바람직한 대응방향을 모색하려는 노력도 보이지 않고 있다.

한국의 근현대사를 보면 국란의 위기가 발생하면 정부는 사라지고 국민들이 나서는 사례가 적지 않다. 임진왜란 때도 의병이 나서야 했고, 한말에도 그랬다. 6 · 25전쟁 때도 정부는 피난 가고 국민들이 온몸으로 전쟁의 참혹함을 경험해야 했다. 이번 '코로나 19' 사태에서도 정부보다는 헌신적으로 일하는 현장의 공무원과 의사 및 간호사, 그리고 자원봉사자 및 십시일반으로 도움을 제공하는 국민들의 희생정신이 더욱 돋보였다. 북핵 문제에서도 정부가 점점 무책임해지고 있어서 결국 국민이 온몸으로 그 피해를 감수해야 할 것 같은 불안한 예감이 드는 것은 필자뿐이 아닐 것이다.

## 2

대한민국의 2018년과 2019년은 북한 또는 북핵 문제와 관련해 '수정주의(Revision)'가 압도한 시대였다. 기존의 전통적인 패러다임들이 부정된 채 그동안 한국 사회에 잠복해오던 대안적 패러다임이 주요 정책방향으로 등장했기 때문이다. 북한에 대해서는 조심이 아닌 안심, 북핵에 대해서는 대비가 아닌 협상이 대세가 됐다. 협상에서도 압박이 아닌 선의가 강조됐다. 북한 문제의 당사자는 한국이라는 인식하에 역대 정부들이 금기시해왔던 미국과 북한 간의 직접 대화가 오히려 권장됐고, 한국은 북핵의 당사자에서 중재자로 자리바꿈을 했다.

어느 분야든 통념을 뒤집는 수정주의의 논리는 일단 통쾌하게 들린다. 마땅한 해결책을 찾지 못해 답답한 상황에서 간단하게 문제를 해결할 수 있다고 장담하기 때문이다. 지병을 앓고 있는 환자가 단방에 나을 수 있는 특효약이 있다는 말을 들었을 때와 유사한 느낌일 것이다. 통상적으로 다니는 길의 교통체증에 답답해하고 있는 운전자가 옆에 보이는 텅 빈 길로 바꾸면 금방 목적지에 도착할 수 있다는 친구의 말을 들을 때의 기분일 것이다. 익숙한 데서 벗어나 새로운 시도를 해보고 싶은 마음도 누구나 갖고 있고, 그래서 대부분이 수정주의에 유혹된다. 이런 이유로 북핵 폐기를 위한 협상이 시작되자 한국 국민과 세계가 환호한 것이다.

2018년은 북핵 폐기와 남북관계 개선에 관한 기대와 환호 속에 보낸 날들이었다. 2월 평창 동계올림픽에 북한 선수단과 함께 김여정을 비롯한 북한 수뇌부가 참가함으로써 국민들은 흥분하기 시작했다. 3월 6일 정의용 안보실장이 북한의 김정은 국무위원장이 '비핵화 용의'를 언급했다는 내용을 국민들에게 보고한 후 곧바로 미국으로 건너가 미북 정상회담을 확정 짓자 북핵 또는 북한 문제가 평화적으로 해결될 것이라는 기대가 대세가 됐다. 4월 27일 판문점에서 남북 지도자가 화기애애한 분위기 속에서 '완전한 비핵화'에 합의했다고 발표하자 흥분과 기대는 극에 달했다. 6월 12일 싱가포르에서의 미북 정상회담에서 기대만큼의 성과는 달성하지 못했으나 9월 18~20일에 문재인 대통령은 평양을 방문해 공동선언문을 발표하고, 군사분야 합의서에 서명했으며, 평양 시내 퍼레이드를 했고, 평양 시민들에게 직접 연설했으며, 남북 정상 부부가 백두산 정상에 함께 올랐다. 북핵 폐기는 물론이고 남북한이 곧 통일될 것 같은 분위기가 상당기간 지속됐다. 수 시간 동안 꽉 막혀 답답해하던 길에서 벗어나 텅 빈 도로를 질주할 때의 통쾌한 기분과 다르지 않았을 것이다.

당시에도 북한이 핵무기를 폐기하지 않을 것이고, 북한이 비핵화에 동의했다는 말은 미국의 핵우산 제거인 '조선반도 비핵지대화'를 염두에 두고 한 말이라면서 경계하는 목소리가 많았다. 북한의 사기극에 속지 말라는 경고도 적지 않았다. 그러나 정부는 물론이고, 대부분 국민의 귀에 그러한 경계와 경고의 말은 들리지 않았다. 정부 인사들은 "전쟁하자는 것이냐"로 말문을 막았다. 대통령은 "평화의 시대가 도래했다"고 천명했다. 누구도 수정주의의 그 거대한 흐름을 막을 수 없었고, 결국 그렇게 흘러갔다. 핵에 대한 철저한 대응을 요구하던 야당의 지지율은 낮게 기었고, 지방선거에서도 참패했으며, 대통령의 지지율은 고공행진을 계속했다.

그러나 대체적으로 환호와 흥분은 오래가지 않는 법이다. 북한은 '비핵화'라는 말만 반복한 채 핵무기 폐기를 위한 아무런 실질적인 조치도 강구하지 않았고, 급기야 2018년 말에는 그들이 판문점이나 싱가포르에서 합의한 것이 그들 핵무기의 폐기가 아니라 미국 핵우산의 철폐라고 주장하기 시작했다. 그렇게 분위기가 식어가는 속에서 2019년 2월 27~28일 하노이에서 미국과 북한 간 정상회담이 열렸으나 결국 결렬됐다. 북한이 핵무기 폐기는 말을 꺼내지도 못하게 하면서 핵무기 개발 성공으로 소용이 없어진 영변 핵시설을 폐기하는 대가로 유엔 경제제재의 대부분을 해제해줄 것을 요구했기 때문이다.

하노이 회담 결렬로 냉엄한 현실이 실체로 드러나자 국민들은 수정주의가 해답이 아닐 수도 있다는 생각을 하기 시작했다. 북한이 그들 핵무기 폐기를 위해 그동안 조치한 것이 아무것도 없다는 사실도 깨닫기 시작했다. 북한이 핵무기를 폐기할 가능성도 높지 않다는 것을 느끼기 시작했다. 정부의 전달이 잘못됐고, 지나치게 낙관적이지 않은가 염려하기 시작했다. 텅 빈 길을 한참 신나게 달리다가 교통체증을 만나자 이 길이 기대했던 더욱 빠른 길이 아닐 수 있다는 의심을 갖게 되는 운전자와 유사할 것이다.

잘못된 길을 잘못 선택했다고 알게 됐을 때 가장 먼저 느끼는 감정은 후회와 회한이지만, 그다음은 손해를 만회하려는 발버둥이다. 그동안 투입한 노력과 돈, 즉 매몰비용(Sunk Cost)을 포기하는 것이 너무나 처참하게 인식되기 때문이다. 그러나 잘못된 길을 들었을 때 최선의 조치는 가장 빨리 방향을 바꿔서 원래 자리로 되돌아오는 것이다. 잘못된 방향의 버스를 탔다면 바로 다음 정류장에서 내려서 원래의 지역으로 되돌아온 다음에 바른 버스를 타야 한다. 손해 본 시간이 아까워 내리기를 망설이면서 궁리하는 동안에 버스는 점점 잘못된 방향으로 가고 있고, 손해는 더욱 커질 뿐이다.

2년 동안 한국이 추진해본 수정주의 실험을 통해 얻은 것은 허무하게도 지금까지 대부분이 알고 있었던 자명한 결론의 확인에 불과하다. 공인된 정통의 방법으로 접근해야 문제를 해결할 수 있다는 평범한 내용이다. 대부분의 전문가들은 시행착오를 겪을 필요도 없이 확신하고 있는 이 당연한 결론을 힘들게 알아낸 것이다. 그러나 일부 인사들은 이 당연한 결론도 아직 깨닫지 못했을 수 있다. 깨닫는 데도 최소한의 공부와 회의(懷疑)가 필요한데, 그들은 거기에 익숙하지 않은 사람들이기 때문이다.

## 3

협상은 상대방과의 대화와 타협을 통해 어떤 합의점에 도달하는 과정이다. 그 과정이 의미가 없는 것은 아니지만 더욱 결정적인 것은 당연히 그 결과이다. 아무리 현란한 협상의 기술을 지녔다고 해도 결과가 좋지 않으면 협상은 실패한 것으로 평가될 것이기 때문이다. 현란한 무예를 선보였더라도 시합에 지면 의미가 없는 것과 같다.

북한의 비핵화, 즉 핵무기 폐기를 위한 협상은 분명히 실패했다. 북한이 보유하고 있는 핵무기를 폐기시키지도 못했고, 폐기를 위한 어떠한 일정에도 합의하지 못했기 때문이다. 지금까지 드러난 바를 보면 북한은 핵무기를 폐기할 의지가 애초부터 없었던 것으로 보인다. 그렇다면 2018~2019년 동안에 발생한 남북관계나 북핵에 관한 모든 일은 북한의 기만에 한국과 미국이 속은 셈이다. 애초에 물건을 팔 생각이 없는 주인이 흥정을 걸어온 것이고, 한국과 미국은 그 기만적 흥정에 놀아난 셈이다.

한국과 미국이 실패했다고 하여 북한이 성공했다고 단순하게 말할 수는 없다. 핵무기를 폐기하지 않았고, 미국과의 정상회담으로 사실상 핵보유국으로 인정받는 효과가 있었다는 점에서 성공으로 볼 수 없는 것은 아니지만, 지속적인 유엔 경제제재로 국력이 엄청나게 쇠잔해지고, 국제사회에 불량국가로 계속 낙인찍히게 됐다. 북한 내부적으로 적지 않은 문제점이 노출되고 있고, 이것이 어떤 형태로 폭발할지 알 수 없다. 하노이 미북 정상회담에서 알게 되었듯이 북한으로서는 경제제재 없이 세계적으로 정상국가로 인정받으면서 핵보유국이 되는 것이 목표였을 것인데, 이러한 차원에서는 북한도 핵협상에서 성공하지 못했다고 볼 수 있다.

그렇다고 하여 대화와 타협을 통한 북한의 핵무기 폐기 가능성이 전혀 없었다고 볼 수는 없다. 북한이 핵무기를 폐기할 의지가 거의 없더라도 협상을 효과적으로 진행했더라면 그러한 방향으로 유도할 수도 있었을 것이기 때문이다. 애초에 팔 의사가 전혀 없더라도 흥정 과정에서 마음을 돌릴 수 있는 것과 같다. 2년 동안 한국과 미국의 협상 형태나 전략에서 적지 않은 문제점이 있다고 볼 수밖에 없는 이유이다. 2005년 9월 6자회담 국가들에게 "모든 핵무기와 현존하는 핵계획들을 포기"하겠다고 약속했던 북한이 이번 협상에서는 '완전한 비핵화'라는 단어만으로 버틸 수 있도록 허용해준 것은 한국과 미국의 협상력이 미흡했기 때문이라고 봐야 한다.

예를 들면, 싱가포르 회담에서는 트럼프 대통령의 자만심이 유리한 상황에서 시작된 북한 비핵화 협상을 잘못된 길로 유도했을 수 있다. 트럼프 대통령은 『협상의 기술』이라는 제목의 책을 기술했을 정도로 협상에 대해서는 자신감을 갖고 있었고, 김정은만 만나면 핵무기 포기를 설득할 수 있을 거라고 생각하면서 북한을 압박할 수 있는 수단들을 별로 준비하지 않은 것 같기 때문이다. 그가 준비한 것은 번영과 패망의 두 가지 길을 제시하면서 북한의 김정은에게 전자를 선택할 것을 부탁하는 짧은 비디오였다. 그는 법률이라는 최종적 해결사가 존재하는 기업 간의 협상과 그러한 것이 없이 힘과 고집만이 작용하는 국제사회의 협상을 혼동했고, 북한의 핵무기 보유의 의지가 얼마나 강력한지를 제대로 파악하지 못한 채 협상에 임한 것이다. 김정은을 중심으로 한 북한의 집단지성이 이러한 트럼프 대통령의 자만을 효과적으로 활용함으로써 '완전한 비핵화'라는 단어만으로 합의문을 발표할 수 있었다고 봐야 한다.

한국의 문재인 대통령과 주요 인사들도 북한을 잘못 판단했고, 북한과의 협상을 효과적으로 수행하지 못했다. 이들은 북한이 핵무기 폐기를 위한 전략적 결정을 내렸다고 확신하면서 남한이 선의로 대하면 북한도 선의로 나올 것으로 판단했기 때문이다. 그래서 이들은 북한에게는 아무런 요구도 하지 않으면서 미국에게 더욱 양보해줄 것만 간청했고, 유럽국가들에게 경제제재를 먼저 해제해주자는 부탁까지 했던 것이다. 가급적 북한의 기분을 거스르지 않기 위해 노력했고, 북한의 어떤 모멸적인 무시와 조롱도 참아내며 인내했다.

그나마 미국은 2년 동안의 협상 경험을 통해 북한이 자발적으로 핵무기를 폐기할 생각이 없다는 점은 분명하게 깨달은 것 같다. 그러나 한국의 정부와 주요 인사들은 아직도 상당한 미련을 갖고 있는 것으로 보인다. 북한의 비핵화를 둘러싸고 2018~2019년 사이에 있었던 협상의 과정과 결말, 협상술 차원의 함의를 도출함으로써 한국의 또 다른 시행착오를 예방해야 할 필요가 적지 않고, 이것이 본서 집필을 시작하게 된 동기이다.

## 4

안보에 관해서는 어떤 사항도 소홀히 할 수 없지만 특히 북한의 핵무기에 관한 사항은 너무나 중대한 사항이다. 북한의 핵무기는 한국을 일거에 패망시킬 수 있는 엄청난 위협이기 때문이다. 북한이 핵무기를 몇 발만이라도 사용해 한국의 도시들을 공격할 경우 한국은 그야말로 초토화되고, 항복하는 수밖에 없다. 북한이 동일민족인 한국에 대해 핵무기를 사용하지 않을 것이라면서 안심하는 사람도 있지만, 국가의 존망에 관한 사항을 휴전 상태에 있는 상대방의 선의에 맡긴 채 안도한다는 것은 무책임한 일이다.

북한의 핵위협이 이와 같이 심각함에도 한국의 정치지도자, 언론인, 지식인, 국민들이 그다지 걱정하지 않는 것은 한미동맹이 존재하기 때문이다. 세계 최강의 국력과 군사력을 갖춘 미국이라는 동맹국이 한국을 방어해준다고 약속하고 있기 때문에 북한은 한국을 핵무기로 공격할 수 없다는 판단이다. 사실 미국은 북한이 한국을 핵무기로 공격할 경우 자신의 핵무기로 북한을 초토화시킬 것이라는 공언, 즉 '핵우산'을 강조해오고 있다. 북한이 이 핵우산과 그것을 유도하는 '인계철선(Trip Wire)'이라고 할 수 있는 주한미군의 철수를 집요하게 요구해온 것도 이러한 미국의 동맹공약이 무섭기 때문이다. 미국과의 전쟁에서 북한이 승리할 수 없고, 그것을 북한 지도자들도 잘 알고 있기 때문에 일부 인사들은 전쟁이나 핵전쟁은 '절대로' 일어나지 않을 것이라고 장담하기도 한다.

그러나 현실은 그들의 장담처럼 안심할 상황이 아니다. 북한이 미국을 수소폭탄으로 공격할 능력을 거의 구비하게 됐기 때문이다. 이제 미국이 한국을 방어해주고자 한다면 자신의 도시에 북한의 핵미사일이 떨어져도 좋다는 각오를 해야 한다. 미 본토에 대한 공격능력을 완전히 구비하지는 못했다고 해도 북한은 주한미군과 주일미군은 물론이고, 괌, 알래스카, 하와이에 대해서는 지금 당장이라도 핵미사일 공격을 가할 수 있다. 북한은 대륙간탄도미사일(ICBM: Intercontinental Ballistic Missile)을 목표로 장거리 미사일을 계속 개량하고 있고, 잠수함발사미사일(SLBM: Submarine Launched Ballistic Missile)을 지속적으로 개량하고 있어서 미국의 이러한 우려는 점점 커질 것이고, 그만큼 한국에 대한 안보공약 이행도 주저하게 될 것이다.

더군다나 한국은 최근 들어서 민망할 정도로 한미동맹을 자주에만 치중하여 관리하고 있다. 한미동맹은 당연한 것이고, 미국은 어떤 경우라도 한국을 버리지 않을 것이라고 믿은 채 미국에게도 "No라고 말할 수 있다"는 허세에만 치중하는 듯하기 때문이다. 특히 문재인 정부와 관련 인사들은 겉으로는 한미동맹이 공고하다고 하면서도 동맹을 강화하기 위한 실질적인 노력은 미흡하고 북핵에 관한 한미 양국의 협의체는 활발하게 가동되지 않고 있다. 또한 북핵 위협 상황임에도 불구하고 한미연합사령부의 사령관을 한국군으로 임명하는 문제를 적극 추진하고 있으며, 방위비 분담에 대해서도 인색한 모습을 보이고 있다.

다시 말하면, 한국 역대 정부 중에서 처음으로 문재인 정부는 한미동맹에 관해서도 수정주의를 실험하고 있다. 한미동맹이 한국 안보의 근간이라는 말보다는 한미동맹으로 인해 자주성이 침해받고 있다는 말이 자주 사용되고 있다. 한미관계를 강화해야 한다는 말보다는 미국과 중국 사이의 균형외교가 정답이라는 말이 인정받고 있다. 주한미군도 한국 방어를 위한 것이 아니라 미국의 필요성에 의해 주둔하고 있고, 따라서 한국이 철수하라고 해도 철수하지 않을 것이라고 주장한다.

이러한 수정주의자들의 문제는 그들의 주장이 틀렸을 때를 대비한 대책은 전혀 강구하고 있지 않다는 것이다. 미국이 주한미군을 철수시키거나 한미동맹을 약화시키는 결정을 내릴 경우 한국이 어떻게 하겠다는 복안은 전혀 없다. 그들 수정주의에 대한 신념이 워낙 강해서 그게 틀릴 것이라는 생각 자체를 하지 않기 때문이다. 그들은 과거에 국가에 대한 책임의식은 별로 생각하지 않은 채 반정부 투쟁에만 골몰해왔기 때문에 그들의 수정주의가 잘못될 경우 책임져야 한다는 사실도 모를 수 있다. 그러고도 이들은 한반도에 위기가 발생하면 미국이 전략적 자산을 적극적으로 전개해 한국을 대신해 북한 위협을 억제 및 방어해주기를 바란다.

북한이 수소폭탄을 구비한 상태에서 ICBM이나 SLBM을 개발하는 데 성공할 경우 한미연합 억제태세가 붕괴될 것이라는 점에서 한국에게 남은 시간이나 선택의 여지가 많은 것은 아니다. 상식적으로는 자체 핵무기를 개발해 북한과의 핵균형을 만드는 방안도 검토해봐야 할 것이다. 아니면 미국과 철저한 공조체제를 구축해 북한을 압박함으로써 북한이 핵무기를 폐기하지 않으면 안 되도록 만들어야 한다. 그렇지 않으면 미국의 핵무기를 한국에 전진배치 하는 등 미국의 핵우산을 강화하는 수밖에 없다. 어느 것도 시행하지 않는다면, 장기적으로 한국은 북한의 핵위협이나 핵공격에 굴복하는 수밖에 없다. 상황이 엄중하지 않은가?

## 5

수정주의의 가장 큰 문제점은 오만이다. 정통의 합리적인 접근법을 주장하고 적용했던 모든 사람과 조직을 부정하면서 그들보다 자신들이 더욱 현명하다고 생각하기 때문이다. 자신들이 생각하는 간단한 해결책이 있는데도 다른 사람들은 어리석게 어려운 해결책에 의존했다면서 멸시하기 때문이다. 그래서 그들은 학자들의 이론도 듣고자 하지 않고, 이전 정부에서 노력했던 경험도 전수받고자 하지 않는다. 그들만이 똑똑하다고 생각하기 때문이다. 위험하지 않은가?

대부분의 사람이나 정부가 답답한 줄 알면서도 정통의 통상적인 접근법을 선택하는 것은 그것보다 더욱 합리적인 해결책이 없기 때문이다. 수정주의자들이 주장하는 바는 우선은 그럴듯하게 들리지만 궁극적인 해결책이 될 수 없다는 것을 알기 때문이다. 텅 빈 옆길을 선택할 경우 처음 조금은 신나게 달리겠지만 결국 더욱 심한 교통체증에 걸려 오도 가도 못 하게 된다는 것을 잘 알기 때문이다. 더욱 유효한 해결책이 있는데 왜 이전의 정부와 그 정부의 관리들이 그것을 선택하지 않았겠는가?

지난 2년 동안 북한과 북핵에 관한 수정주의적 접근을 주도한 인사들은 이제는 깨달아야 한다. 이전의 정부와 정부 인사들도 수정주의에 대해 충분히 알고 있었다. 그럼에도 불구하고 그들이 답답한 정통의 방법을 선택한 것은 수정주의는 해답이 될 수 없다는 것을 알았기 때문이다. 보통의 사람들은 시행착오 없이도 수정주의가 효과가 없다는 것을 알았는데, 이들은 경험해봐야만 알 정도로 기본적인 학습이 미흡한 상태인 셈이다.

텅 빈 옆길로 가다가 교통체증에 막혀서 꼼짝달싹하지 못한 후 대오각성해 원래의 위치로 돌아온 운전자처럼 이제 우리는 북한과 북핵에 대해 정통의 통상적인 접근에 충실하지 않을 수 없다. 그것은 바로 억제와 방어이다. 또한 강력한 압박을 지속함으로써 북한이 핵무기를 폐기하지 않고는 생존할 수 있는 방법이 없다는 점을 분명하게 깨닫도록 만들어야 한다. 미국과 북한 간의 직접접촉을 지나치게 방관하지 말고, 철저한 사전 조율을 통해 한국이든 미국이든 한 목소리로 북한과 접촉 또는 협상하도록 해야 한다. 이 모든 것은 하나도 새로운 것이 아니고, 과거 우리 국민들이 당연히 그래야 하는 것으로 알았고, 과거 우리 정부들이 변함없이 추진했던 방향이다.

대부분에게는 당연한 사항을 깨닫고자 정치가들이 수정주의를 내세워 수 년간의 시간과 노력을 낭비하게 되는 것은 그들이 외교나 국방에 대해 아는 바가 적기 때문이다. 국민의 투표에 의해 선출되는 현 민주주의 제도하에서는 국제정치나 안보에 관해 충분한 상식을 가진 사람보다는 국민들의 표를 잘 모으는 사람이 당선될 가능성이 크기 때문이다. 아마 임기를 마칠 때쯤 그들은 나라의 외교나 안보 문제가 간단한 일이 아니고, 가능하면 정통의 통상적인 방법으로 접근해야 한다는 점을 깨달을 것이다. 그러나 깨달을 만하면 거의 임기는 끝난다. 선거에 의해 새로 뽑힌 지도자도 동일한 전철을 밟을 것이라서 한국의 경우 정치지도자가 지도자다운 결정을 내릴 가능성은 매우 낮을 수밖에 없다.

이러한 점에서 우리는 정치지도자로 성장하는 과정에서 국제정치, 안보, 국방에 관한 사항을 어느 정도 이해하도록 제도를 구축할 필요가 있다. 휴전상태에서 북한과 대치하고 있는 한국의 경우에는 더욱 그러하다. 그래서 필자는 국회의원 후보자로 등록하고자 할 때 안보에 관한 일정한 상식을 갖고 있는지를 점검하자고 주장한 적도 있다. 이런 강제조치가 없어도 정치지도자가 되고자 하는 사람은 스스로 안보 분야에 관해 충분히 학습하고자 노력해야 할 것이고, 국민들도 투표 시에 그러한 측면을 중요하게 고려해야 할 것이다.

더욱 중요한 사항으로서, 훌륭한 정치지도자 육성을 위해서는 국민 모두가 안보에 관한 충분한 상식을 구비해야 한다는 사실이다. 그래야 그 중에서 훌륭한 정치지도자가 나올 수 있고, 안보에 대한 건전한 국민여론이 형성되어 정치지도자가 함부로 결정하지 못할 것이기 때문이다. 안보 문제에 대해 국민이 더욱 잘 아는데 어떻게 정치지도자들이 공부하지 않겠는가? 국가의 민주주의 수준이 국민들의 민주의식 수준에 의해 결정되듯이 국가의 안보수준도 국민들의 안보의식 수준에 의해 결정될 것이다.

국민들로 하여금 안보에 관한 충분한 상식을 갖도록 하려면 지식인이 분발해야 한다. 그들이야말로 수정주의가 틀린 것이라는 것을 알고 있고, 알아내야 하는 사람들이기 때문이다. 어떤 이론이 맞고 어떤 이론이 틀리는지를 국민들에게 설명할 수 있고, 설명해야 할 사람들이기 때문이다. 개인적으로 미흡한 점이 많지만 지성의 요람인 대학교수의 직업을 갖게 된 행운을 누린 사람으로서, 국민들에게 수정주의의 폐해를 알려주는 데 동참해야 한다고 생각했고, 이것이 이 책의 근본 주제인 셈이다.

## 6

본서의 기본적인 내용은 2018년과 2019년 사이에 전개된 북한의 비핵화를 둘러싼 협상에 관한 사항을 분석해 독자들에게 실제 어떤 일이 있었고, 어떻게 전개됐으며, 무엇이 잘못됐고, 어떻게 개선해 나가면 되는지를 알리려는 사항들이다. 북한의 비핵화를 위한 협상은 2018년 4월 27일 판문점 남북 정상회담에서도 논의됐지만 이후 한국은 중재 역할을 자임하면서 본격적인 협상은 미국에게 미뤘다. 따라서 제3장은 제1차 미북 정상회담인 싱가포르 회담, 제4장은 제2차 미북 정상회담인 하노이 회담을 분석했고, 제5장을 통해 한국 정부가 자청한 중재 역할이 어느 정도로 기여했는지를 분석했다.

다만, 이것만으로는 독자가 북핵 문제를 정확하게 이해하기 어렵고, 협상의 과정과 결과를 제대로 이해하는 데도 북핵에 관한 기본적인 사항에 대한 학습은 필요하다고 판단해 제1장에서 북한의 핵능력과 핵전략이 어떠한지를 분석했고, 제2장에서는 한국이 이에 대해 어떻게 대응해왔는지를 설명했다. 이렇게 되면 싱가포르와 하노이 회담이 전체적으로 어떤 배경하에서 어떤 맥락으로 전개됐는지를 이해해 회담 자체에 대해서도 더욱 정확하게 이해할 수 있을 것으로 판단했다.

그리고 본서의 제7장에서는 북핵 대응에 관한 '플랜 B'를 설명했는데, 북한의 비핵화를 위한 협상이 제대로 성과를 거두지 못한 상황에서 한국이 어떤 방향으로 노력하는 것이 북핵으로부터 국민의 생명과 재산을 수호할 수 있는 길인지를 제시하기 위한 의도로 추가했다. 2년 동안의 경험으로 북한이 자발적으로 핵무기를 폐기하지 않을 것이라는 점이 확연해졌기 때문에 지금까지에 비해서 더욱 집중적이면서 적극적으로 대비 노력을 경주해야 한다는 점을 강조했고, 특히 북한이 핵무기를 활용해 도발할 수 있는 시나리오를 사전에 구상해 대비해야 한다는 점을 설명했다.

본서에서 필자가 서술하고 있는 내용의 대부분은 필자가 최근의 기간 동안에 논문으로 발표한 사항들이다. 즉흥적으로나 주관적 평가에 의해 작성된 글이 아니라는 점을 밝히고자 한다. 특히 필자는 어떤 이유에서인지 북핵에 대해 적극적으로 연구하는 학자가 적으니 필자라도 그 공백을 메워야 되겠다는 생각으로 수년 동안 이에 관한 논문을 집중적으로 작성했다. 본서와 직접적으로 관련된 내용으로 필자가 최근에 발표한 논문의 목록은 다음과 같다.

- "북핵의 군사적 활용 시 예상되는 북한의 핵전략 분석: "전략 = 목표 + 방법 + 수단"의 방정식 활용". 『국방연구』 제60권 4호(2017. 12).
- "일반적 핵대응 포트폴리오에 의한 한국의 북핵 대응사례 평가". 『국제정치연구』 제21집 1호(2018).
- "협상이론에 의한 미국의 싱가포르 회담 분석과 함의". 『아시아연구』 제22권 1호(2019. 2).

- “협상이론에 의한 미북 하노이 회담의 분석과 함의”. 『아태연구』 제26권 3호(2019).
- “싱가포르와 하노이 미북 비핵화 회담에서의 한국의 중재 역할 평가”. 『국제정치연구』 제22권 4호(2019).
- “북핵 대응에 대한 한국의 비핵(非核) ‘플랜 B’ 검토: 자체 억제 및 방어태세의 보완”. 『의정연구』 제58호(2019).

책을 저술한다는 것은 의욕으로 출발하지만 중단의 유혹이 끊임없이 일어나서 결말을 맺기가 쉽지 않은 일이다. 써내려갈수록 당연한 사항을 어렵게 쓰는 것 같고, 비판의 소지만 키우는 것 같은 생각이 들기 때문이다. 처음에는 엄청나게 중요한 주제라는 생각으로 시작했는데, 다 쓰고 나면 너무나 평범해 보이고, 인쇄해 책으로 발간할 만한 것인가 하는 회의가 들게 된다. 이런 마음 때문에 전문적인 내용의 책을 쓰는 사람들이 점점 줄어드는 것 아닐까 싶다. 그 사람들에 비해서 내가 조금 더 얼굴이 두꺼운 것이 출판까지 이른 이유일 것이다.

# 차례

## 제2장 한국의 북핵 대응



## 제3장 싱가포르 미북 정상회담

## 제4장 하노이 미북 정상회담



## 제5장 한국의 중재자 역할

# 제1장
# 북한의 핵능력과 핵전략

북한의 핵무기 개발은 6 · 25전쟁이 휴전된 직후부터 시작됐다. 북한은 과학자들을 소련에 보내 핵 관련 기술을 학습하도록 했고, 1960년대는 소련으로부터 연구용 원자로를 도입했으며, 1980년대에 플루토늄 추출을 위한 영변 핵발전소를 가동시켰다. 그러다가 1990년대 핵무기 개발 사실이 탄로 난 것이다. 그러나 북한은 국제사회의 온갖 압력에도 미국과 북한 간의 1994년 '제네바 합의'와 6자회담 국가 간의 2005년 '9 · 19 합의' 등으로 기만하면서 비밀 핵무기 개발을 지속했다. 결국 북한은 2013년 2월 3차 핵실험을 통해 핵무기 개발에 성공한 후 2017년 9월 3일 제6차 핵실험을 통해 수소폭탄까지 제조했다. 그해 11월 29일 장거리 미사일 시험을 실시한 후 북한은 '국가핵무력 완성'을 공표하기도 했다.

위력이 크더라도 핵무기도 '무기'이고, 군사적 용도로 사용되지 않을 이유가 없다. 북한이 과시에 그치고자 온갖 국제적 제재와 천신만고를 거치면서 핵무기를 개발하지는 않았을 것이다. 2017년 8월 25일 백령도에 대한 상륙작전을 시도하면서 김정은은 "서울을 단숨에 타고 앉으며 남반부를 평정할 생각을 해야 한다"고 군에 지시한 적도 있다. 최악의 상황까지 상정하면서 북한의 핵능력과 핵전략을 살피지 않을 수 없는 이유이다.

# 1
# 핵전략에 관한 이론

## 1) 전략의 방정식

'전략(戰略: Strategy)'은 그리스와 로마 시대에 총사령관(Strategos)이 전체 군사력을 기동시키는 방법이었다. 그러나 시간이 흐르면서 범위가 확대되어 현대에는 목표와 수단을 연결하는 기본적 방법을 대표한다. 영국의 전략가인 리델하트(B. H. Liddell Hart)는 전략을 "정책의 목표를 이행하기 위해 군사적 수단을 분배하고 적용하는 예술"로 정의했다. 이에 영향을 받아 미군도 "전구(戰區, Theater) 차원, 국가 차원, 다국적 차원의 목표를 달성하고자 국력의 요소들을 조정 및 통합된 방법으로 운용하기 위한 건전한 생각 또는 생각의 세트"로 정의하고 있다(Department of Defense, 2018a: 219). 군사력 운용의 방향을 제시하는 것으로 이해해 오던 전통적 시각에 목표와 수단을 포함시키는 서구식 합리주의가 가미됐다고 할 것이다.

미 육군의 군사이론가였던 리케(Arthur Lykke, Jr.)가 정리한 이후 지금까지도 미군들이 활발하게 사용하고 있는 전략의 설명문은 '전략(Strategy) = 목표(Ends) + 방법(Way) + 수단(Means)'이라는 방정식이다(Lykke, 2001: 179). 이 방정식은 '목표 = 방법 + 수단'으로 더욱 단순화하기도 한다. 주어진 역량과 자원을 의미하는 '수단', 그들의 운용 방향인 '방법'을 적용해 주어진 '목표'를 달성하는 것이 전략이라는 설명이다(Joint Chief of Staff, 2017: IV-1-5). 동양에서는 전략을 군사력 운영방법에만 초점을 맞추기 때문에 그를 위한 수단의 준비를 망각하거나 상위 목표와의 연계를 소홀히 할 수 있지만, '목표 = 방법 + 수단'이라는 방정식을 적용하게 되면 수단 측면에서 실현 가능성(Feasibility)과 목표 측면에서의 소망성(Desirability)을 충족시킬 수 있는 전략이 개발될 가능성이 높다.

전략에 관해서는 구현 주체의 '의지'도 중요한 요소일 수 있다. 핵억제와 같이 상대방의 심리에 영향을 주는 방식으로 작동하는 전략의 경우에는 더욱 그러하다. 클라인(Ray Cline)은 국력(Pp) = 영토(C) + 경제력(E) + 군사력(M) × [전략(S) + 의지(W)]라는 등식을 제시했을 뿐만 아니라 곱셈으로 연결함으로써 의지가 없을 경우 아무리 높은 국력이나 군사력도 제 기능을 발휘하지 못한다고 주장했다. 여기에서 클라인은 전략과 의지를 동등한 비중으로 강조하고 있다(Cline, 1977: 34). 다만, 의지의 경우 측정하기가 너무 어려울 뿐만 아니라 측정했다고 하더라도 객관성을 보장하기 어렵고, 주로 전쟁 수행과정에서 드러나는 경우가 대부분이기 때문에 수립 단계부터 고려하는 데는 어려움이 존재한다. 따라서 미군의 경우에도 전략의 방정식에서 의지를 포함하지 않고 있다.

리케가 정립한 전략의 방정식을 사용함으로써 미군들이 강조하고자 하는 것은 목표, 방법, 수단 간의 균형과 그러한 균형을 달성하기 위한 노력의 필요성이다. 리케는 이 세 가지가 균형을 이루지 않으면 국가안보가 "위기에 빠진다(in jeopardy)"고 경고하면서 균형을 달성하지 못해 세 가지 요소가 기울어진 상태를 '위험(Risk)'으로 표시하고 있다. 특히 탁월한 지도자라면 어떤 전략을 선택하더라도 그 위험을 확실하게 파악하고, 적절하게 처리하기 위한 복안을 가져야 함을 강조하고 있다(Lykke, 2001: 182-183). 따라서 평시에 특정 국가의 군대가 노력해야 하는 것은 위 세 가지가 균형을 이루고 있는지를 살피고, 불균형이라면 균형상태가 되도록 해결책을 강구하는 것이다. 즉 불균형 상태에서 목표와 수단을 변경할 수 없을 때는 '방법'을 창의적으로 변화시켜 방정식의 균형을 회복해야 하고, 목표와 방법을 변경할 수 없을 때는 그에 부합되는 '수단'을 보강해 나가야 하며, 방법과 수단을 변경할 수 없을 때는 '목표'를 그에 맞도록 조정해야 한다.

대부분의 국가들은 위에서 제시한 목표, 방법, 수단 간의 균형을 도모할 것이라고 보면, 해당 국가의 전략 요소 세 가지 중에서 두 가지만 알면 다른 한 가지는 계산해 알 수 있다. 다시 말하면 이 전략의 방정식은 상대방의 전략을 알아내거나 검증하는 데 유용하게 사용할 수 있다는 것이다. 상대방이 말로 발표하는 것은 허위일 수도 있고, 아예 발표하지 않는 국가도 없지 않아서 추정해야 할 상황이 대부분인데, 이때 이 방정식은 유용하다. 즉 상대방의 목표와 방법을 안다면 상대방이 어떤 수단을 보강할 것인지를 추정할 수 있고, 상대방의 목표와 수단을 안다면 상대방이 어떤 방법을 사용할 것인지를 추정할 수 있다. 대부분의 경우 상대방의 목표는 파악하기가 어렵지 않고, 수단은 유형적인 부분이 많아서 착오의 가능성이 낮기 때문에 상대방의 목표와 수단을 파악한 후 이로부터 상대방의 방법, 즉 전략개념을 도출할 경우 오히려 착오의 가능성이 적다.

### 2) 핵전략의 형태

핵전략의 형태는 다양한 범주로 설명할 수 있겠지만 여기서는 북한 핵전략의 근본적인 방향을 알아내야 하기 때문에 가장 기본적인 형태인 '공격,' '방어' 그리고 '억제'의 개념에 기초해 지금까지 인류가 적용해온 핵전략의 내용을 정리해 보고자 한다. 핵전략의 경우 이론이 개발되기 이전에 미국을 비롯한 핵보유국이 적절한 핵전략의 개발을 주도했다.

인류가 최초 적용한 핵전략은 재래식 무기와 다르지 않게 '공격'이었다. 미국은 1945년 8월 6일 일본의 히로시마와 나가사키에 두 발의 핵무기를 투하했고, 이로써 150,000~246,000명 정도를 사망하게 만들었다(허광무, 2004: 98). 소련의 참전이라는 다른 요소도 작용했지만, 이 두 발의 핵공격은 그 이전에 미국이 일본에 대해 사용한 수많은 재래식 전력보다 더욱 큰 위력을 발휘했고, 결과적으로 일본으로 하여금 항복하게 만들었다.

핵무기 관련 기술이 발달해 핵무기의 위력과 수량이 급증하자 인류 절멸의 위험성이 강조되면서 핵무기 사용을 '억제(抑制, Deterrence)'해야 할 필요성이 우선시됐다. 상대방이 공격할 경우 그것보다 더욱 큰 피해를 입힐 것임을 위협해 상대방이 자제하도록 한다는 개념이었다. 그래서 미국은 상대방이 공격(제1격, the First Strike)할 경우 생존한 핵무기로 반격(제2격, the Second Strike)해 대량보복(Massive Retaliation)을 하겠다고 위협하는 개념을 설정했고, 이를 소련도 공유했으며, 결과적으로 이것이 핵전략의 기본을 형성했다. 미국과 소련은 대륙간탄도탄, 전략폭격기(ALBM: Air Launched Ballistic Missile), 잠수함발사탄도탄을 '3축 체제(Triad)'로 명명해 경쟁적으로 증강했다. 그래서 학자들은 이것이 인류의 종말을 결과할 수도 있는 엄청난 핵군비 증강으로 연결될 것이라면서 '공포의 균형(Balance of Terror)'이라면서 비판하거나, 'Mad(미친)'라는 단어를 연상시키는 '상호확증파괴전략(MAD: Mutual Assured Destruction)'으로 불렀다.

핵무기의 경우 피해가 워낙 크기 때문에 억제와 함께 '방어'도 부분적으로 채택됐다. 억제의 효과는 확신하기 어렵고, 최악의 상황까지도 대비하는 것이 국가안보라고 인식했기 때문이다. 미국은 소련의 핵미사일을 북극 상공에서 다른 핵미사일로 요격하는 방식을 시도하다가 위험이 너무 커서 포기했다. 그러면서 미국과 소련은 서로가 방어체제는 구축하지 않음으로써 상호확증파괴를 보장하는 데 합의해 반(反)탄도탄 조약(ABM: Anit-Ballistic Missile Treaty)을 맺었다. 다만, 핵무기가 폭발할 경우 국민들을 대피시키기 위한 노력은 꾸준히 전개됐는바, 소련이 핵실험에 성공한 다음 해인 1950년 미국은 연방 민방위법(Federal Civil Defense Act)을 제정하고 연방 민방위청(FCDA: Federal Civil Defense Administration)을 창설해 핵공격에서도 국민들의 생존을 보장하기 위한 방어를 시행했다(Homeland Security National Preparedness Task Force, 2006: 5-7). 소련과 유럽국가도 유사한 조치를 강구했고, 특히 소련은 국토가 넓다는 이점을 최대한 활용하고자 민방위에 상당한 비중을 두었다.

미국과 소련처럼 대규모는 아니지만 핵무기를 보유한 프랑스와 영국도 나름대로의 억제전략을 개발해 적용했는데, 그것은 '최소억제(Minimal or Minimum Deterrence)'의 논리였다. 이것은 미국과 소련이 적용하고 있는 상호확증 파괴전략을 일부 변화시킨 것으로서, 영국과 프랑스를 핵무기로 공격할 수 있는 국가는 미국과 소련밖에 없었기 때문에, 상대방의 제1격보다 더욱 큰 피해를 초래하는 제2격을 가하지는 못하더라도 상대방이 소중하게 생각하는 몇 개의 표적만 공격할 수 있다면, 미국과 소련은 그 몇 개의 표적이 파괴되는 것을 영국이나 프랑스를 초토화시키는 것보다 더욱 치명적으로 받아들여서 제1격을 자제하게 된다는 논리였다(Nalebuff, 1988: 416). 그래서 영국과 프랑스는 현재 각각 200~300개의 핵무기를 보유하고 있지만 거의 대부분을 생존성이 월등한 SLBM 형태로 운영함으로써 보복의 확실성을 보장하고 있고, 이로써 핵억제가 달성되고 있다고 믿고 있다.

더욱 소규모 핵무기로 최소억제와 유사한 효과를 지향할 경우는 '신뢰적 최소억제(Credible Minimum Deterrence)'라는 용어를 사용하기도 한다. 이것은 인도가 1998년 핵실험에 성공한 이후부터 발전시켜 2003년 공식화했는데, 핵무기 사용의 의지와 능력, 보복의 효과성과 확실성, 필요한 정보와 생존능력 등을 과시함으로써 최소억제와 동일한 효과를 달성한다는 개념이다(Kulkirni and Sinha, 2011: 2). 핵무기를 적극적으로 사용할 수 있다는 점을 과시해 최소억제처럼 핵강대국으로 하여금 공격을 단념하도록 만든다는 개념이다. 파키스탄도

인도와 동일한 개념을 적용해 다양한 핵무기를 생산한 후 적극적인 사용 의지를 강조하고 있다(Chowdhury, 2015: 4). 다만, 이 신뢰적 최소 억제 전략은 사용의지라는 추상적인 개념을 포함함으로써 전략의 개념을 모호하게 만들어 타당성에 대한 합의가 약한 점이 있다(Zahra, 2012: 2-4). 그럼에도 불구하고 이것은 소수의 핵무기 보유 국가가 현실적으로 적용할 수 있는 개념으로 인식되어 시행되고 있다.

실제 시행됐다기보다 이론가들이 개발한 개념이지만, 더욱 소수의 핵무기에 대해서는 '존재적 억제' 또는 '실존적 억제(Existential Deterrence)'라는 용어도 사용된다. 핵무기는 보유하는 자체만으로 상대로 하여금 전쟁을 발발할 수 없게 억제하는 효과가 보장된다는 주장이다(Trachtenberg, 1985: 139). 이것은 핵무기 개발을 시작한 국가가 적용하는 억제방법으로서 핵개발 단계에 있는 약소국은 이러한 개념에 근거해 상대가 확신하지 못하도록 핵무기 개발 여부를 비밀로 유지함으로써 핵강대국의 행동을 억제하고자 한다. 이 외에도 '휴식 억제(Recessed Deterrence)'나 '비무기화 억제(Non-weaponized Deterrence)'라는 말처럼 신속히 제조할 수 있는 잠재력을 보유하는 것으로도 억제 효과를 기대할 수 있다는 이론도 존재한다(Kampani, 1998: 13-14).

상대방에게 도발하지 않을 경우 보상이 제공될 수 있다는 점을 전달함으로써 억제하는 방법도 고려해볼 수 없는 것은 아니다. 이것은 상대방에게 도발 자제의 동기(Motivation)를 부여하는 방법으로서, 정치 · 경제 · 문화 등 비군사적 수단을 활용하고, 호의적인 입장을 전달하고자 노력한다(이성훈, 2015: 129). 다만, 제2차 세계대전 전에 영국의 체임벌린(Neville Chamberlain) 수상의 유화정책이 히틀러의 도발을 잠시 연기시킨 것에 그쳤듯이 보상에 의한 억제는 지속적 효과를 확신하기가 어렵고, 국가의 자존심을 손상당하거나 상대방을 더욱 교만하게 만들 우려가 있다. 냉전시대의 미소 양국을 비롯해 대치 상태에 있는 모든 국가들은 그 부작용을 알면서도 어떤 형태로든 보상에 의한 억제를 어느 정도는 사용했지만, 국가의 공식적인 억제전략으로 채택할 정도로 설득력이 있다고 보기는 어렵다.

1983년 미국의 레이건(Ronald W. Reagan) 대통령은 억제 중심의 핵전략에 '방어'를 추가할 것을 요구했다. '전략적 방어 제안(Strategic Defense Initiative)'이 그것으로서 공격해오는 상대방의 핵미사일을 공중에서 요격함으로써 방어한다는 구상이었다. 소련이 국가 수준에서 광범위한 대피시설을 구축함에 따라 제2격으로 대량보복이 쉽지 않은 상황이 되어 미국도 방어를 선택해야만 하는 상황이었기 때문이다. 미국은 인구밀도가 커서 소련과 같은 수준의 대피를 구현하기가 어려웠기 때문에 핵미사일을 공중에서 요격할 것을 주문한 것이다. 이 구상은 필수적으로 요구되는 기술 확보에 실패해 오랫동안 지체됐으나 결국 2004년 부시(George W. Bush, 아들) 대통령이 소련과의 '반탄도탄 조약'을 공식적으로 탈퇴하고, 기술적 돌파에도 성공함으로써 최초의 탄도미사일방어체계(BMD: Ballistic Missile Defense)를 개발했다. 이로써 핵전략에도 방어가 비중 있는 방법으로 등장 및 활용되기 시작한 것이다.

미국은 현재 본토 방어를 위해 캘리포니아와 알래스카에 수십 기의 지상배치 요격미사일(GBI: Ground-based Interceptor)을 배치해둔 상태에서 그 양과 질을 지속적으로 증대해 나가고 있다. 또한 해외주둔 미군 방어를 위해서도 SM-3 해상요격미사일을 장착한 이지스함, THAAD(Terminal High Altitude Area Defense) 지상요격미사일과 패트리

어트(PAC-3) 등을 개발해 다층방어(Multi-layered Defense) 개념으로 배치해두고 있다. 그리고 이러한 미국의 BMD는 러시아와 중국은 물론이고, 이스라엘, 일본, 한국 등 다수의 우방국들에게 확산되고 있고, 러시아와 중국도 상당히 정교한 BMD 체계를 개발한 것으로 알려지고 있다. 따라서 핵전략에서 방어가 차지하는 비중은 앞으로 계속 증대될 것으로 판단된다.

# 2
# 북한의 핵전략 목표와 수단의 평가

## 1) 북한의 핵전략 목표

북한이 핵무기를 사용한다면 핵전략의 목표는 북한의 국가정책 목표에 기여하기 위한 것일 것인데, 그것은 당=군대=국가의 목표로서 '전(全) 한반도의 공산화'이고, 이것은 처음부터 지금까지 불변이다(이윤식, 2013: 213; 김강녕, 2015: 4). 2010년 개정된 노동당 규약 서문에서도 "조선노동당의 당면 목적은 공화국 북반부에서 사회주의 강성대국을 건설하며, 전국적 범위에서 민족해방 인민민주주의 혁명과업을 실천하는 것"이라고 명시하고 있는데, "전국적 범위에서의 민족해방 인민민주주의 혁명과업"이 바로 전 한반도의 공산화이다. 즉 북한군은 외부침략으로부터 국가를 보위한다는 일반 국가들의 보편적인 임무에 추가해 한반도의 무력통일을 달성하도록 임무를 부여받고 있는 셈이다(함택영, 2006: 31).

일부 전문가들은 미국의 적대시 정책 때문에 핵무기를 개발했다는 북한의 주장을 그대로 수용해 북한의 핵무기가 체제방어용이라고 하지만, 이것은 일방적 희망이거나 추측일 뿐이다. 실제 북한은 1990년대 동구권이 붕괴된 시기가 아니라 6 · 25전쟁 직후부터 핵무기 개발을 시작했고, 체제유지 목적이라면 수소폭탄, ICBM, SLBM까지 개발할 필요가 없다. 2년 정도 지속된 비핵화 협상에서도 남한 전문가들의 해석과 달리 북한은 경제제재의 완화를 요구했지 체제보장을 위한 평화협정 체결과 핵무기 폐기를 교환하자고 제안하지 않았다. 체제유지를 위한 다른 다양한 방법이 있음에도 온갖 국제적 제재를 감수하면서 기어코 수소폭탄과 ICBM에 준하는 장거리 미사일을 개발한 북한의 핵무기 개발 목적이 체제유지일 것으로 최소화하는 것은 지나친 여유이다. 북한의 대남전략 목표는 "민족해방 민주주의 남조선 혁명전략 실현"이고(김진하, 2017: 308), 지금도 이를 달성하기 위한 수단과 방법의 확충에 노력하고 있다.

북한의 당=군대=국가의 목표가 '전 한반도의 공산화'라면 핵무기는 이를 위한 너무나 효과적인 무기이다. 엄청난 파괴력을 갖고 있어 위협만으로도 상대를 굴복시킬 수 있을 것이기 때문이다. 북한은 2013년 제3차 핵실험에 의해 핵무기 개발에 성공한 후 핵무기 사용에 관한 법을 제정했는데, 그 내용을 통해 '다른 핵보유국'이나 '적대적인 핵보유국과 야합'하는 비핵국가에 대해서는 핵무기를 사용하거나 위협할 수 있음을 시사한 바 있다(권태영 외, 2014: 192). 북한은 핵무기도 다른 재래식 무기와 동일하게 "당 규약에서 규정한 한반도에서의 공산혁명 과업의 달성"의 수단으로 사용할 수 있다고 평가한다(함형필, 2009: 99). 북한은 남북한 군사력 균형을 결정적으로 유리하게 만들기 위해 핵무기를 개발했고, 이제 보유한 상태라서 이의 사용으로 위협하거나 부분적으로 또는 전면적으로 사용할 수 있다. 앞으로 북한이 핵무기 숫자와 질을 증대시킬수록, 투발수단의 위력을 강화할수록 그 사용 가능성은 높아질 것이다.

그런데 북한이 전 한반도 공산화를 추구하고자 할 경우 남북한 군사력 균형의 우세를 달성한 것으로는 부족하다는 것이 문제이다. 미국은 한국의 동맹국으로서 '확장억제(Extended Deterrence)'나 '핵우산'이라는 명칭으로 한국을 공격하는 국가가 있을 경우 미국이 대신 보복하겠다고 공언하고 있기 때문이다. 특히 그의 인계철선으로 미국은 상당수의 미군을 한국에 주둔시키고 있다. 북한이 핵우산과 주한미군 철수를 지속적으로 강조하지 않을 수 없는 이유이다. 북한에게 미군철수 및 이를 통한 한미동맹 철폐는 남조선 혁명을 위한 전제조건인 셈이다(김진하, 2017: 309). 그런데 이러한 전제조건은 미국을 압박함으로써 달성 가능할 것인데, 당연히 그에 가장 효과적인 수단은 핵무기일 것이고, 그래서 미 본토 공격이 가능한 수소폭탄과 장거리 미사일을 개발하는 것이다.

## 2) 북한의 핵능력

북한은 2006년 10월 9일 제1차 핵실험을 실시한 후 지금까지 여섯 차례 핵실험을 통해 핵무기의 개발은 물론이고, 양적인 증강과 질적인 개선에도 성공했다고 평가하고 있다. 2017년 9월 3일 성공한 수소폭탄의 경우 108~250킬로톤의 위력에 이르는 것으로 추정됐다 (Zagurek, 2017: 1). 정보가 워낙 제한되어 북한의 핵무기 수량을 가늠하기는 어려우나 2018년 10월 1일 국회에서의 보고를 통해 조명균 당시 통일부 장관은 북한이 핵무기를 20~60개 보유하고 있다고 발표한 적이 있고(김강녕, 2019: 133), 미국과학자협회(FAS)에서는 2020년 4월 현재 북한이 35개의 핵무기를 보유하고 있다고 평가하고 있다(Kristensen and Norris, 2020). 시간이 흐를수록 북한의 핵무기 보유량은 늘어날 것이다.

북한이 보유하고 있는 대부분의 미사일은 핵탄두 탑재가 가능할 것으로 판단된다. 이 중에도 북한은 수백 기에 이르는 스커드 미사일(300~700km 정도), 노동 미사일(1,300km 정도), 중거리 미사일(2,000~4,000km) 중 일부를 핵공격용으로 지정해 준비하고 있을 것이다. 북한은 2019년 북한판 이스칸데르(Iskander)로 불리듯이 요격회피기동이 가능한 단거리 미사일 등 첨단의 미사일을 시험발사해 언제 어디든 한국에 대한 기습 핵공격이 가능하다는 점을 과시했다. 북한과 접경해 방어거리가 짧아 한국은 북한의 핵미사일 공격에 근본적으로 취약할 수밖에 없다.

더욱 주목할 필요가 있는 것은 ICBM을 지향하고 있는 북한의 장거리 미사일 능력이다. 북한은 2017년 '화성-12형'과 '화성-14형' 등의 시험발사를 통해 기술을 축적한 후 2017년 11월 29일 '화성-15형'을 발사함으로써 워싱턴과 뉴욕을 포함한 미 대륙 전역을 타격할 수 있는 잠재력을 과시했다. 미 정부도 북한이 ICBM의 완성에 수개월만 남겨둔 수준이라고 평가했다(Department of Defense, 2018b: 11). 또한 북한은 해저로 이동함에 따라 탐지가 되지 않아서 보복의 확실성이 높고, 그리하여 '최소억제'의 필수적인 요소로 인식되고 있는 SLBM의 개발에도 지속적인 노력을 기울여 왔다. 북한은 2019년 7월 23일 SLBM용 수직발사관을 3개 정도 설치할 수 있을 것으로 추측되는 3,000톤급의 건조 중 잠수함 사진을 공개하기도 했고, 2016년 4월 최초 성공 이후 잠잠하다가 2019년 10월 2일 또다시 SLBM을 시험 발사해 2,000~3,000km 정도의 비행능력을 과시했다. 결과적으로 북한은 SLBM과 3,000톤급의 잠수함을 조만간 결합시킬 것으로 전망된다.

### 3) 평가

북한이 수소폭탄과 ICBM을 개발해 남한과의 대결에 필요한 이상으로 핵능력을 강화하고 있다는 것은 핵무기의 개발 목적이 체제유지나 내부결속이 아니라 얻고 싶은 더욱 큰 것이 있다는 증거이다. 그 큰 것은 당연히 경제적 지원을 획득하거나 미국의 대북 적대시 정책의 포기의 요구에서 머물지 않고, 주한미군 철수와 한미동맹 폐기까지 압박하는 것일 가능성이 크다. 북한의 김정은은 2016년 제7차 당대회 사업총화보고를 통해 핵무장을 바탕으로 미국과의 평화협정을 체결해 미군을 철수시키고, 연방제 통일을 구현해야 한다는 점을 강조한 바 있다(김진하, 2017: 322). 미군만 한국에서 철수하면 비핵국가인 한국을 손쉽게 처리해 전 한반도 공산화라는 그들의 목표를 달성할 수 있다고 생각할 것이다.

이렇게 볼 때 북한 핵전략의 우선적인 대상은 미국으로 봐야 하고, 그것이 '공격'이거나 '방어'일 가능성은 낮다. 미국의 막강한 핵능력을 고려할 때 자멸을 각오하지 않고서는 북한이 미국을 핵무기로 공격하기는 어렵고, 북한은 방어를 위한 BMD 구축을 전혀 고려하지 않고 있기 때문이다. 그렇다면, 북한의 목적은 미국이 한국에 대한 북한의 핵공격에 대해 대규모 핵무기로 보복한다는 '확장억제'를 이행하지 못하도록 '억제'하고자 하는 것이다(함형필, 2009: 103). 북한이 미국을 공격할 수 있는 ICBM과 SLBM을 개발한다고 하더라도 그것은 억제전략의 일환이지, 공격이 목표는 아니라는 것이다.

한미동맹만 폐기되면 핵무기 위협 또는 사용으로 비핵국가인 한국과의 통일을 강요하는 것은 어렵지 않기 때문에 북한이 한국을 대상으로 한 핵전략의 수립과 시행에 많은 비중을 둘 필요는 없다. 따라서 한국에 대해서는 핵무기 사용을 '위협'하다가 통하지 않을 경우에는 '사용'한다는 단순한 개념으로 충분하다고 판단할 것이다. 즉 "북한은 개발된 핵무기를 한반도 적화통일을 위해 적극적으로 사용할 수 있다. 핵무기를 사용하겠다고 위협할 수도 있지만, 직접적으로 사용할 수도 있다(권태영 외, 2014: 185). 북한이 6 · 25전쟁과 같은 방식의 재래식 남침을 감행하더라도 핵무기를 사용하겠다고 위협하는 등으로 활용할 것이다(전호훤, 2007: 60-62). 공격, 방어, 억제라는 세 가지 핵전략의 형태 중에서 한국에 대해서는 '공격'이면서 그의 주된 내용은 위협과 사용이라는 것이다.

## 3
# 북한의 핵전략

북한 핵전략의 핵심적 사항은 미국의 유사시 북한 응징보복을 억제하는 것이고, 부차적으로 한국에 대한 핵무기 사용의 위협과 사용이다. 이 둘은 통합된 것이 아니라서 구분해 설명하고자 한다.

### 1) 대(對)미국: 신뢰적 최소억제

북한이 핵무기를 활용해 전 한반도 공산화라는 당=군대=국가 목표를 달성하려면 미국을 핵무기로 공격하겠다는 위협을 통해 주한미군 철수와 한미동맹 폐기를 요구하는 방법밖에 없다. 미국과의 핵전쟁에서 승리할 수는 없기 때문이다. 그래도 북한이 자신의 초토화를 각오해 미국이 북한의 어느 도시에 핵공격을 가한다고 할 경우 미국으로서는 한국에 대한 확장억제 약속을 자동적으로 이행하기는 어려울 수밖에 없다. 북한은 미국에 대해 '최소억제'를 지향하고 있는 것이다. 북한이 2017년 11월 29일 '국가핵무력 완성'을 선언했으면서도 ICBM과 SLBM을 지속적으로 개량하고 있는 것은 미국에 대한 최소억제 핵역량을 구비하겠다는 의도로밖에 해석할 수 없다.

북한은 현재 서태평양 지역에 있는 주한미군과 주일미군, 괌을 비롯한 미국 영토를 핵미사일로 공격할 수 있다는 점에서 어느 정도의 최소억제 역량은 확보하고 있다. 북한이 이들에 대해 핵공격을 가하겠다고 위협하면 미국도 고심하지 않을 수 없기 때문이다. 주한 및 주일미군이 8만 명, 괌 주민이 20만 명 정도 되기 때문에 이들을 금방 소개(疏開, Evacuation)시킬 수도 없다. 이들을 보호하기 위한 BMD를 어느 정도 구비하고 있긴 하지만, 100% 안심할 수 있는 수준은 아니다. 최근 북한은 표적 근처에서 회피기동을 하는 단거리 미사일도 개발했기 때문에 주한미군은 무방비 상태일 수 있다. 최근 미국에서 주한미군 철수가 논의되거나 주한미군 BMD 강화책이 시행되는 이유이다.

북한이 ICBM에 준하는 사거리를 과시했다는 사실만으로도 북한의 '화성-15형'은 적지 않은 최소억제 효과를 유발하고 있다. 미국방부가 북한이 ICBM 완성에 '수개월 남겨둔' 수준으로 공식적으로 평가했다는 것은 대비를 시작해야 한다는 의미이고, 미국이 구비하고 있는 본토방어용 BMD로 완벽하게 요격할 수는 없다는 것이다. 만약 북한이 '화성-15형'을 다탄두화하는 데 성공한다면 요격이 더욱 어려워지고, 그만큼 미국의 확장억제에 대한 북한의 억제효과는 높아질 것이다. 미국 내에서 북한이 '화성-15형'으로 미 본토나 태평양 상공에서 전자기펄스탄(EMP: Eletron-Magnetic Pulse) 공격을 가할 수도 있다고 우려하고 있는 것을 볼 때, '화성-15형'의 억제효과는 적지 않다.

이론적으로 가장 신뢰할 만한 최소억제력은 SLBM인데, 아직 충분한 수준은 아니더라도 북한은 3,000톤급의 잠수함과 이 잠수함에서 발사되는 SLBM을 지속적으로 개발해 어느 정도의 역량은 확보한 것으로 평가해야 한다. 3,000톤급의 잠수함을 개발하더라도 SLBM을 장착한 후 상당한 시험이 필요하고, 1척만으로는 한계가 있으며, 미 잠수함의 추적을 회피하면서 미 본토까지 항행하는 것이 쉽지 않기는 하겠지만, 북한이 예상하지 못한 어떤 창의적인 방법을 사용해 본토에 접근한 후 SLBM을 발사할 가능성을 배제할 수는 없다.

더욱 주목할 필요가 있는 사항은 인도와 파키스탄이 강조하는 '신뢰적 최소억제'의 측면이다. 북한의 김정은은 2017년 5월 14일 화성-12형 탄도미사일 시험발사에 성공한 이후 "미 본토와 태평양작전 지대가 우리의 타격권 안에 들어 있다. 미국이 우리를 섣불리 건드린다면 사상 최대의 재앙을 면치 못할 것"이라고 공언했다. 2018년 신년사에서도 "미국 본토 전역이 우리 핵 타격 사정권 안에 있으며, 핵 단추가 내 사무실 책상 위에 항상 놓여 있다는 것, 이는 결코 위협이 아닌 현실임을 똑바로 알아야 합니다"라고 위협하기도 했다. 북한은 기본적으로 잃을 것이 적고, 일사불란하게 조직된 사회라는 점에서 신뢰적 최소억제 전략의 시행에 유리한 점이 있다. 북한 수뇌부가 자신은 초토화되더라도 미국의 어느 도시에 반드시 핵무기 공격을 가하겠다고 한다면 미국은 난감할 수밖에 없기 때문이다. 실제로 최근 북한은 미국에 관한 호전성을 계속 강화하고 있는데, 미국의 비핵화 요구에 대해 2019년 12월 8일 "우리는 더 이상 잃을 것이 없는 사람들"이라고 대응하기도 했다. 미국의 입장에서는 북한이 비합리적일수록 더욱 불안할 수 있고, 그만큼 북한의 최소억제 효과는 높아질 것이다.

북한은 미국에 대해 최소억제 전략을 구현해오고 있고, 그동안의 노력으로 적지 않은 능력을 확보했으며, 계속 강화해 나가고 있다. 북한이 미 본토 공격을 위한 잠재력을 갖추고 있다는 사실만으로도 미국은 한국에 대한 군사적 지원을 쉽게 결정하기 어렵다(신동훈, 2018: 156). 북한의 비합리성이 커질 경우 미국에 대한 최소억제 효과는 높아질 것이고, 그렇게 되면 미국은 위험의 최소화에 치중하게 될 것이며, 결과적으로 주한미군 감축이나 철수를 비롯해 북한의 요구를 어느 정도 수용하게 될 가능성도 배제할 수 없다.

## 2) 대(對)한국: 위협과 잠재적 사용

북한의 당=군대=국가의 목표가 '전 한반도 공산화'라면 남한은 통일의 대상이라는 점에서 핵무기를 적극적으로 사용해 한국을 파괴시키기보다는 핵무기 사용의 위협을 통해 그들의 연방제 통일방안을 수용하게 하는 등으로 위협부터 가할 가능성이 크다. 다만, 국제적인 압력이나 대량살상에 대한 주저로 인해 핵무기의 선제적 사용을 유보할 경우 북한은 재래식 군사력으로 먼저 공격한 후 한미연합군 또는 한국군의 반격을 억제하는 수단으로 핵무기를 사용할 것이다. 특히 한미동맹만 폐기되면 핵무기를 배경으로 한국을 위협하거나 공격하는 것은 어렵지 않다고 생각하기 때문에 북한의 대한국 핵전략은 개략적인 구상 정도로도 충분하다고 판단할 가능성이 크다.

한미동맹이 어느 정도 균열되어 간다고 평가될 경우 북한은 핵무기 사용으로 위협하면서 한국의 정치적 · 경제적 · 기타 양보를 요구할 수 있다. 핵보유국은 비핵국가에 비해 '전략적으로 압도적인 우위'를 갖게 되고, 비핵국가는 "핵보유국의 공갈에 좌우될 수밖에 없는 운명"에 놓인 것이기 때문이다(우평균, 2016: 197). 북한이 구체적으로 어떤 요구를 할 것이냐는 것은 당시 상황에 따라서 달라지겠지만 경제적 지원 요구부터 시작하더라도 그 강도가 점점 커질 것이고, 결국은 다양한 내정간섭에 이를 가능성이 높다. 한국 내에서 핵전쟁에 반대하는 여론이 커질 경우 한국 정부의 대안은 더욱 제한될 것이고, 그럴수록 북한의 입지는 강화될 것이다.

북한은 핵무기 사용의 가능성을 암시하는 가운데 재래식 공격을 감행하게 되면 지금까지 북한이 추구해오고 있는 "기습전, 배합전, 속전속결전을 중심으로 하는 군사전략"(국방부, 2019: 21)을 더욱 효과적으로 구현할 수 있다고 판단할 수 있다. 북한은 재래식 전력에서 수적 우위를 유지하고 있고, 공격의 시간, 장소, 방법을 선택할 수 있는 이점이 있지만, 한미연합군의 질적 우위와 막강한 전쟁지속력을 고려할 경우 6 · 25전쟁에서와 같이 장기화되면 성공을 보장할 수 없다. 따라서 북한은 재래식 전력으로 속전속결을 추구하면서 한미연합군 또는 한국군의 반격을 봉쇄하거나 불리해졌을 때 상황을 반전시키는 수단으로 핵무기를 사용할 수 있다. 즉 '핵위협하 기습적 재래식 공격'을 감행할 수 있다는 것이다.

유사하게 북한은 평시에 '핵위협하 국지도발'도 감행할 수 있다.

예를 들면, 서북도서에 기습적으로 상륙해 점령한 후 한국이나 한미 연합군이 반격하거나 보복공격을 가하면 한국의 주요 군부대나 도시에 핵무기 공격을 가하겠다고 위협하는 식이다. 이 경우 한국에서는 탈환작전의 시행 여부를 두고 치열한 토론을 전개할 것이나 원거리 군사작전의 어려움과 북한의 핵위협으로 인해 타협할 가능성이 높고, 이러한 제한적 군사작전이 성공을 거둘 경우 북한은 다른 지역으로 확대할 것이다. 한국의 소극적 대응이 반복될 경우 북한은 한국을 상대로 자유자재로 도발을 감행할 수 있게 될 것이다.

북한의 위협이 제대로 작용하지 않을 경우 북한은 핵무기 사용을 검토할 것인데, 한국의 주요 도시에 대해 선제적인 핵공격을 가할 개연성도 배제할 수 없다. 6 · 25전쟁과 1987년 대한항공 858기 폭파 사건에서 보듯이 북한은 그들의 목표 달성을 위해 필요하다면 남한 국민의 대량살상을 개의하지 않을 것이기 때문이다. 북한 수뇌부들이 한국의 주요 도시에 핵무기를 투하해 한국을 극심한 혼란과 공황 상태에 빠뜨리면 큰 어려움 없이 남한 전체를 석권할 수 있다고 판단할 수 있다. 북한은 소위 '7일 전쟁' 계획을 만들었는데, 핵심내용은 핵무기를 사용해 7일 만에 남한은 점령한다는 계획이라고 한다(김강녕, 2015: 3; 홍우택, 2016: 98).

북한의 핵전략에서 핵심적인 대상은 미국이고, 한국은 핵무기를 보유하고 있지 않기 때문에 한국을 대상으로 구체적인 핵전략을 구상하고 있다고 보기는 어렵지만, 대체적으로 핵무기 사용으로 위협해 그들의 목표를 달성하는 것으로 생각하고 있을 개연성이 높다. 미국에 대해서는 핵 '억제' 전략이지만, 한국에 대해서는 핵 '운용' 전략인 것이다. 이 경우 대체적으로는 핵무기 사용 가능성으로 위협하면서 재래식 군사작전을 우선시하겠지만, 핵무기를 선제적으로 사용할 가능성도 배제할 수는 없다. 북한이 미국을 공격할 능력을 구비해 미국의 확장억제 이행이 불안해질수록 북한의 공격적인 핵사용 가능성은 높아질 것이다(홍우택, 2016: 109-110).

## 4
# 결론

처음에는 북한이 자위권이나 체제유지와 같은 수세적인 목적으로 핵무기 개발에 착수했을 수도 있지만, 일단 핵능력을 구비하게 되면 최초에 가졌던 의도는 확대될 수밖에 없다. 소수 원자폭탄의 개발에 만족하지 않고, 수소폭탄과 ICBM, 그리고 SLBM을 지속적으로 개발하고 있는 것은 북한이 핵무기를 공세적으로 사용하겠다고 결정한 증거로 봐야 한다. 북한은 지금까지 당=군대=국가의 공통된 목표로 '전 한반도 공산화'를 추구해왔는데, 그의 달성에 결정적으로 기여할 수 있는 핵무기를 인도적인 고려사항으로 인해 위협 또는 사용하지 않는다는 것은 지나치게 낭만적인 추론이다.

알려진 정보도 없지만 가용하더라도 북한이 발표한 내용으로 북한의 핵전략을 판단하는 것은 위험하다. 외부적으로 발표하는 것과 실제의 내용은 다를 것이고, 북한 내부에서도 수뇌부 몇 명만 진정한 그들의 전략을 알고 있을 것이기 때문이다. 이러한 점에서 미군들이 사용하는 전략의 방정식, 즉 '목표=방법+수단'을 사용해 어느 정도 알려진 북한의 '목표'와 '수단(북한의 핵능력)'을 통해 그들의 핵전략을 판단하는 것이 오히려 신뢰성이 클 수 있다.

그 결과 북한의 핵전략에서는 대미국 전략이 핵심이라는 사실과 '최소억제'를 추구하면서 현재로서는 '신뢰적 최소억제' 전략을 채택하고 있는 것으로 평가했다. 이를 통해 평시에는 주한미군 철수와 한미동맹 폐기를 강요하고, 전시에는 미국의 확장억제 이행을 불가능하게 만들고자 한다는 분석이다. 그리고 미군만 철수하면 북한은 핵무기 위협이나 그 사용을 통해 그들 주도의 연방제 통일방안을 강요하거나 핵위협하 재래식 기습공격으로 '전 한반도 공산화'를 완성할 것이다.

북한의 핵전략이 이와 같기 때문에 한국에게 가장 중요한 것은 북한의 핵능력 강화를 차단함으로써 진정한 최소억제전략을 구현하지 못하도록 하는 것이다. 북한이 미국 본토를 공격할 수 있는 능력을 구비할 경우 한미동맹은 더 이상 기능하기 어렵고, 그렇게 되면 한국은 북핵 위협을 억제할 수 있는 유효한 방책이 없어지는 결과가 되기 때문이다. 이러한 점에서 북한의 비핵화를 기대하면서 시간을 보내는 것은 매우 위험한 일이다. 한국은 북한의 핵능력 강화에 대해 지속적으로 감시하면서 필요시 미국이나 일본과의 단호한 공동조치도 강구할 수 있어야 한다. 한국 자체적으로 수용할 수 없는 선, 즉 '레드라인(Red Line)'을 설정해두고, 필요시 군사적 조치도 시행할 수 있어야 한다. 북한의 궁극적인 목표는 핵공격 위협으로 한국을 굴종시키는 것이라는 점을 자각해 북핵 문제에 관한 주인의식을 강화할 수 있어야 한다.

당연히 한국은 한미동맹 강화에 더욱 노력하지 않을 수 없다. 어떤 상황에서도 미국이 북한의 위협에 굴복해 확장억제 약속을 어기지 않도록 한미 양국 간의 북핵 관련 정책협의를 활성화해야 하고, 동맹이완(decoupling)을 방지하는 데 필요한 모든 예방조치를 강구해야 한다. 미국 핵무기의 전진배치 등을 비롯해 미국의 확장억제 약속 이행을 적극적으로 보장하는 조치들을 강구해 나가야 한다. 이러한 점에서 방위비 분담에 인색하거나 미국이 추진하는 인도-태평양 전략에 적극적으로 동참하지 않는 것은 합리적인 선택이 아니다. 다소간의 자율성을 양보하더라도 한미동맹을 강화해 북한이 핵무기로 위협하거나 사용할 마음 자체를 먹지 못하도록 만들어야 한다.

당연히 한국은 북핵 위협은 물론이고 사용까지 포함하는 다양한 최악의 상황을 가정해 총력적인 차원에서 예방 및 대비조치를 강구해 나가야 한다. 북핵 위협의 실상을 냉정하게 평가해 국민들에게 알려야 할 것이고, 북핵 위협으로부터 국가와 국민의 안전을 보장하기 위한 체계적인 계획을 수립해 상황에 맞도록 이행해 나가야 한다. 필요시 선제타격도 불사한다는 자세를 가지면서 이를 위한 능력을 지속적으로 확충해야 할 것이고, 탄도미사일 방어체제도 계속 보강하면서, 핵폭발 시의 생존을 위한 핵민방위(Nuclear Civil Defense) 조치도 시행할 필요가 있다. 만전지계 차원에서 북핵에 대한 모든 대비책을 철저하게 강구하는 것이 정부와 군대의 가장 중요한 과업이어야 한다.

# 제2장
# 한국의 북핵 대응

핵무기는 국가의 운명을 삽시간에 결정할 정도로 엄청난 살상력을 갖고 있기 때문에 그 위협은 너무나 심각하고, 가용한 모든 수단을 동원해 철저하게 대응해야 한다. 암이 개인의 생명을 삽시간에 앗아갈 수 있듯이 핵무기는 국가의 운명을 그렇게 할 수 있다. 특히 '전 한반도 공산화'라는 목표를 버리지 않은 채 휴전상태로 대치하고 있는 북한의 핵무기라면 한국은 더욱 철저하게 대비해야 한다.

냉전시대부터 한국은 미국의 '확장억제' 또는 '핵우산'에 의해 공산권의 핵위협에 대응해 왔는데, 이것은 북핵 위협에도 자연스럽게 적용됐다. 다만, 이로 인해 미국에 대한 의존도가 커졌고, 결과적으로 한국의 자체적인 북핵 대비는 필요한 만큼 철저하지 못했다. '3축 체계' 또는 '3K'라는 명칭으로 북한의 핵공격 징후가 발견되면 사전에 타격하고(Kill Chain), 그래도 발사되면 공중에서 요격하며(KAMD: 한국형 미사일방어), 가능한 모든 전력을 동원해 대규모 응징보복(KMPR: 한국형 응징보복)한다는 개념이 유일하게 의미 있는 대비책이었는데, 북한 비핵화를 위한 협의가 진행되면서 이마저도 제대로 구현되지 못하고 있다. 이론과 상황이 요구하는 대비책의 수준과 한국이 시행하고 있는 대비책의 수준 간에 격차가 적지 않다.

# 1
# 핵 위협 대응 포트폴리오

태평양 전쟁에서 그렇게 처절하게 저항하던 일본도 두 발의 핵무기 아래 무릎을 꿇었듯이 핵무기는 절대무기(Absolute Weapon)이고, 따라서 가용한 모든 방법과 수단을 동원해 차단 및 대비하지 않을 수 없다. 지금까지 핵위협에 직면한 국가들이 실제로 적용해온 방안과 학자들의 연구결과를 종합해 몇 가지 방안들을 열거해보면 다음과 같다.

### 1) 핵위협 대응의 방안

#### (1) 외교적 비핵화

적대적인 관계에 있는 국가가 핵무기를 개발하기 시작했을 때 가장 먼저 동원하게 되는 방법은 외교적 수단을 통한 핵무기 개발의 차단이다. 이것은 설득과 강압외교(coercive diplomacy)를 통해 핵무기 개발을 단념시키는 것으로서, 핵무기 보유가 국제적 비(非)확산(Nuclear Non-proliferation) 정책을 위반한다든가, 핵무기를 보유하는 것이 이익이 되지 않는다는 점을 상대방에게 인식시킨다. 이 방식은 평화적이라서 다른 국가들과 국민들의 높은 지지를 받게 되지만, 상대가 수용하지 않거나 기만할 경우 성공을 보장하기 어렵고, 군사적 대응을 위한 초기의 황금시간(golden time)을 놓치게 만드는 기회비용(opportunity cost)을 야기할 수 있다.

외교적 비핵화의 경우 핵보유국과 직접적으로 대화하거나 다수의 국가로 구성된 기구를 활용해 추진하는 방법이 가용할 것인데, 전자의 경우 성사되면 효율적이지만 상대방을 대화의 장에 유도하는 것이 어렵고, 후자의 경우에는 대화가 가능해질 확률은 높으나 관련 국가들의 다양한 의견을 조율하는 것이 어려울 뿐만 아니라 상대가 이 약점을 활용해 빠져나가기가 쉽다. 어떤 상황에서라도 핵무기를 개발 및 보유하겠다는 결의를 가진 국가에게는 외교적 비핵화 노력이 효과를 발휘하기 어렵다.

지금까지 외교적 노력으로 핵개발을 차단한 경우는 리비아와 이란(최근 불확실해지고 있다)의 사례가 있지만, 핵무기 보유국을 외교적으로 압박해 폐기하도록 만든 사례는 없다. 남아프리카공화국은 비밀리에 개발한 핵무기를 스스로가 비밀리에 폐기한 다음에 국제사회에 알렸고, 우크라이나의 경우에는 소연방으로부터 독립하면서 남겨진 핵무기의 보유 여부를 잠시 논의하다가 바로 포기하기로 결정해 러시아에 이양했다(박휘락, 2018a: 190-214). 인도, 파키스탄, 이스라엘의 예에서 알 수 있듯이 핵무기 개발 과정에서는 이를 차단하기 위한 국제사회의 압력이 강화되다가도 핵무기 개발에 성공하면 그것이 중단되는 것이 일반적이다.

### (2) 경제적 제재

외교적 비핵화 노력의 일환으로 볼 수도 있지만 독립적으로 논의할 가치도 충분한 핵무기 대응방안은 경제적 제재를 통해 상대에게 핵무기 개발의 비용을 증대시키거나 속도를 지체시키는 것이다. 이것도 외교적 비핵화 노력처럼 평화적이고, 다수국가나 강대국이 시행할 경우 효과도 기대할 수 있다. 다만, 경제제재는 일부 국가라도 협력하지 않을 경우 효과가 감소되고, 상당한 기간이 소요되며, 핵보유국의 국민생활을 힘들게 만들게 된다는 점에서 비인도적인 조치로 비판받거나 협력을 얻지 못할 수 있다.

위와 같은 단점에도 불구하고 핵무기를 개발하려는 국가에 대해 국제사회가 취할 수 있는 조치의 대부분은 경제제재이다. 핵무기 개발 또는 보유국가는 이미 국제법을 준수하지 않기로 마음을 먹은 상태이고, 그렇다고 하여 군사적 조치를 바로 결행할 수는 없기 때문이다. 이러한 경제제재 조치는 유엔헌장 제41조에 의해 보장되어 있는데, 이것이 효과적이지 않을 경우 제42조를 통해 군사적 수단까지 사용할 수 있도록 되어 있지만, 군사적 제재에 대한 합의가 어려워 대부분 경제제재의 강도를 지속적으로 높이는 방법으로 대응한다. 경제제재만으로 국제법 집행을 보장하는 효과를 달성하는 경우도 없지 않다(김화진, 2016: 213-239). 리비아와 이란이 핵 프로그램의 포기에 합의한 것은 미국을 중심으로 하는 국제사회의 경제제재가 심각한 압박을 주었기 때문이다. 경제제재는 그 자체의 타당성 여부보다 이행의 철저성이 더욱 중요하다고 할 것이다.

### (3) 억제

상대방이 핵무기를 보유하는 데 성공하게 되면 이것을 사용하지 않도록 만들어야 하는데, 이것은 '억제'로서, 예상하는 이익보다 비용이 더 크다는 점을 상대방에게 전달해 자제시키는 방법이다. 이 방법은 냉전시대부터 보편적으로 적용되어 왔지만, 상대방이 겁을 먹지 않으면 효과가 없고, 상대방보다 더욱 강력한 핵전력을 보유해야만 기능한다는 단점이 있다. 억제의 위협이 제대로 작동되지 않을 경우 군사적 충돌로 비화될 수 있고, 서로가 상대방을 능가하는 억제력을 구비하기 위한 치열한 군비경쟁이 불가피해진다.

핵위협에 대한 억제는 기본적으로 핵무기가 가용해야 가능해진다. 아무리 강력하고 대규모의 재래식 전력을 보유하고 있다고 해도 핵공격보다 더욱 큰 피해를 끼칠 수는 없기 때문이다. 저명한 국제정치학자인 모겐소(Hans J. Morgenthau)는 보복용 핵무기가 없는 국가는 핵보유국의 공격에 대해 초토화되거나 항복하는 수밖에 없다면서 핵억제력의 절대성을 강조했다(Morgenthau, 1985: 141). 그래서 자체 핵무장이 어려운 비핵 약소국들은 핵강대국을 동맹국으로 확보하게 되는데, 미국의 경우 '확장억제' 또는 '핵우산'이라는 개념으로 자신의 핵보복력, 즉 핵억제력을 동맹국들에게 빌려준다. 동맹국이 핵공격을 받으면 미국의 대규모 핵전력으로 보복해 그보다 훨씬 큰 피해를 끼치겠다는 약속이다. 북대서양조약기구(NATO: North Atlantic Treaty Organization)를 비롯한 미국의 모든 동맹국들은 미국의 확장억제 약속에 핵억제를 의존하고 있다.

### (4) 방어: 민방위와 요격

핵무기를 비롯한 모든 위협에 일반적으로 적용되는 대응 방법은 상대방의 공격으로부터 나를 보호하기 위한 노력, 즉 방어이다. 방어는 자위권(right of self-defense) 차원에서 실시하는 것이므로 정당한 것으로 인정되고, 계속적인 보강으로 그 수준을 높여 나갈 수 있다는 장점이 있다. 다만, 방어는 비용이 많이 들고, 수동적이라는 단점이 있다.

핵무기는 주로 미사일에 탑재해 발사되기 때문에 빠르게 비행해 오는 미사일을 요격(interception)하는 것이 가장 효과적인 방어인데, 이것은 개념은 간단하지만 기술적으로 쉽지 않다. 1950년대에는 요격이 불가능하다고 생각해 핵무기를 공중에서 폭파시켜 파괴시키는 방법도 고려했으나 부작용이 너무 커서 포기했다. 그리고 나서 억제가 실패하면 피해를 최소화하기 위한 노력만 가능하다고 판단해 미국과 소련은 민방위(Civil Defense)를 전략 차원에서 강조했다. 이것은 핵공격이 발생할 경우 필요한 경보를 국민들에게 신속하게 전파해 대피소로 피난하게 하는 활동으로서, 진보적인 미국의 케네디 대통령까지도 '비합리적인 적'에 의한 핵공격 가능성을 우려해 민방위를 강조했다(Homeland Security National Preparedness Task Force, 2006: 12). 특히 소련은 국방부를 비롯한 각 제대별로 민방위 참모와 부대를 조직하는 등 국가적이면서 전략적인 차원에서 민방위를 추진했다(Green, 1984: 7). 유럽국가들도 미국과 소련의 사례를 참고해 상당한 민방위 활동을 전개했다.

기술이 고도화되면서 방어에서 비중이 높아진 방법은 공격해오는 상대방의 핵미사일을 공중에서 '요격'하는 방법이다. 공격해오는 미사일을 공중에서 정면충돌해 파괴시키는 방법을 개발했기 때문이다. 다만, 완벽한 요격이 가능한 것은 아니라서 미국은 다층방어(Multi-layered Defense)의 개념으로 접근한 후 고도별로 다양한 무기체계를 개발했고, 그들의 성능을 지속적으로 개선해 나가고 있다. 미국은 본토방어를 위한 요격미사일을 개발해 알래스카와 캘리포니아에 배치해둔 상태이고, 전진배치된 군사력의 방어를 위해 SM-3 해상요격미사일, THAAD와 PAC-3 등의 다양한 지상요격미사일을 개발해 중첩되게 활용하고 있다. 이것은 일본, 이스라엘, 한국을 비롯한 미국의 우방국으로 확산됐고, 러시아와 중국도 자체적인 요격미사일을 개발했으며, 시간이 갈수록 이 방법의 비중은 높아지고 있다.

### (5) 공격: 선제타격과 예방타격

핵위협에 대한 완벽한 억제와 방어가 불가능하다고 판단되어 대두된 방법이 공격이다. 이것은 공군기와 미사일들을 이용해 상대방의 핵무기를 파괴하는 행위인데, 성공할 경우 순식간에 핵위협을 해소할 수 있고, 주도적이며, 비용이 저렴하다는 장점이 있다. 다만, 성공하지 못할 경우 핵보유국에 의한 핵반격을 감수해야 하고, 침략적인 행위로 국제사회 또는 국내에서 비난을 받을 소지가 크다.

공격 방법 중에서 먼저 사용되는 것은 예방타격(Preventive Attack)이다. 이것은 상대방이 공격하기 전에 그 핵능력을 제거하는 방식으로서, "임박하지는 않지만 무력충돌이 불가피하고, 지체될 경우 상당한 위험이 있을 것이라는 믿음"에 기초해 시행한다(Lykke, 1993: 386). 이 방법은 사전에 충분히 준비했다가 기습적으로 시행하기 때문에 성공의 가능성은 높지만, 먼저 공격함으로써 정당성을 인정받기가 어렵다. 1981년과 2007년 이스라엘이 이라크와 시리아에 예방타격을 감행해 핵발전소를 파괴시킨 사례가 있다.

실제 시행된 적은 없지만 토의 시 빈번하게 거론되는 핵위협에 대한 공격적 방법은 선제타격(Preemptive Strike)이다. 이것은 적이 핵공격을 가하려고 한다는 징후를 미리 파악해 적의 공격이 시행되기 이전 내가 먼저 공격해 파괴시키는 행동이다. 이것은 "적의 공격이 임박했다는 논란의 여지가 없는 증거에 기초해 시작하는 공격"으로서(Department of Defense, 2016: 288), 공격의 명분이 확실하다는 장점은 있지만, 징후를 발견한 후 상대방이 공격하기 직전의 짧은 시간에 성공을 보장하기가 어렵다는 단점이 있다. 실제로는 예방타격을 감행하면서 그의 정당성을 주장하는 명분으로 '선제타격'이라고 말하는 측면이 크다.

### 2) 핵위협 수준에 따른 대응 방안의 조합

핵위협은 워낙 중대하기 때문에 그에 직면하고 있는 국가는 가용한 모든 방법을 동원하게 된다. 따라서 상황에 따라 핵대응에 동원되는 방안들의 우선순위만 다른 형태를 띠게 된다. 이것은 상황에 가장 부합되는 형태로 재산을 분산해 유지하는 포트폴리오(Portpolio)에 비유할 수 있다. 해당 국가가 선택하는 핵대응 포트폴리오의 종류와 비중은 핵위협의 형태와 정도, 해당 국가의 상황과 여건, 그리고 국제적 환경에 따라서 달라질 것인데, 당연히 이 중에서 가장 결정적인 요소는 핵위협의 정도이다. 상대가 핵무기 개발 도중인지, 핵무기를 개발했는지, 개발한 핵무기의 수준이 어떤지에 따라서 대응의 포트폴리오는 달라지게 된다.

핵위협 수준에 따른 대응 포트폴리오 변화에 관해서는 이미 수년 전에 필자가 논문을 발표했다(박휘락, 2018b). 필자는 핵개발 본격화, 핵개발 성공, 소형화/경량화, 다종화/다수화, 전략무기화로 핵위협의 강도가 높아지는 것을 상정해 각 수준별로 대응방안들을 어떻게 조합하는 것이 최선인지를 식별하려고 시도했다. 다만, 그 당시에는 경제제재를 외교적 비핵화에 포함시켰고, 선제타격과 예방타격을 방어에 포함시킴으로써 군사적 대응책의 비중을 낮게 반영한 점이

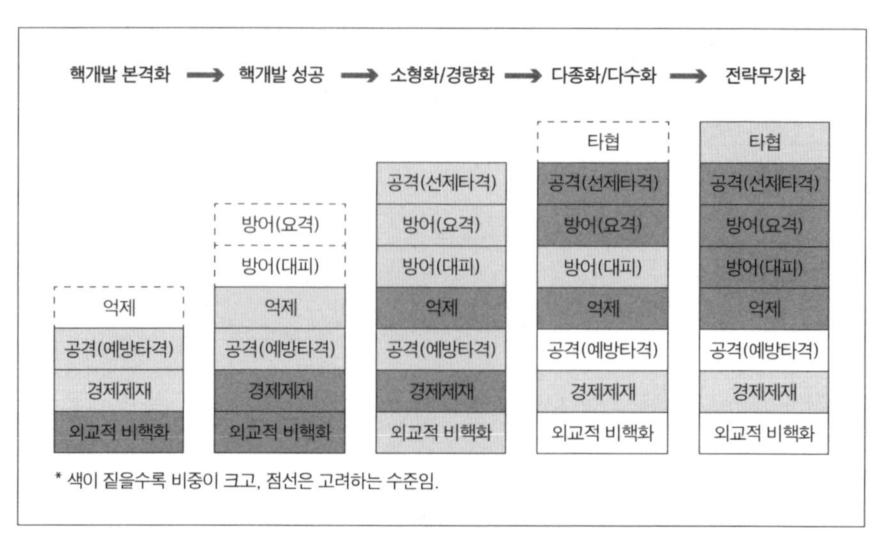


**〈그림 1〉 핵위협 강화에 따른 대응방법과 비중의 변화**

출처: 박휘락, 2018b: 8.

있었다. 나름대로 보완한 핵대응 포트폴리오는 〈그림 1〉과 같다.

〈그림 1〉은 색이 짙을수록 사용되는 방법의 비중이 큰 것으로 구분하고 있는데, 첫 번째 '핵개발 본격화' 단계의 경우 국가가 동원하는 수단은 외교적 비핵화가 핵심이 되면서 예방타격과 경제제재 등도 활용하게 되고, 억제는 검토하는 수준이 된다. 1981년과 2007년의 이스라엘 사례처럼 이 단계에서는 예방타격이 성공의 가능성이 높고, 위험은 적어 활용성이 높다. 상대방의 '핵개발 성공' 단계에서는 외교적 비핵화 노력도 지속되지만 경제제재가 차지하는 비중이 커지면서, 예방타격은 여전히 유효한 방법이고, 억제의 비중도 커진다. 이 상황에서 요격과 대피는 물론 방어의 필요성도 검토하게 된다. 상대방이 핵무기를 탄도미사일에 탑재할 정도로 '소형화 · 경량화'하는 데 성공하게 되면, 외교적 비핵화 효과를 기대하기 어려워 그 비

중을 낮추면서 경제제재와 억제가 결정적인 방법으로 동원되고, 방어와 공격의 모든 방법들이 동원되기 시작한다. 상대방이 수소폭탄을 비롯해 핵무기를 '다종화 · 다수화'하는 데 성공하게 되면 핵대응에서 차지하는 선제타격과 요격의 비중이 급격히 높아진다. 이 상황에서는 외교적 설득이나 대가를 통한 핵포기의 가능성은 낮고, 다수의 핵무기를 개발한 상태라서 예방타격의 유용성도 낮아진다.

상대방이 ICBM을 개발함으로써 '전략무기화'하는 데 성공했을 경우에는 총력적 핵대응이 불가피해진다. 이 경우는 당연히 가용한 모든 방법을 동원하게 되지만, 외교적 비핵화는 거의 기능하지 못하고, 위험성이 커진 예방타격을 고려하는 것도 어렵다. 결국 억제, 공격, 방어 등 군사적인 방법에 더욱 의존하게 된다. 특히 핵무기가 없는 국가의 입장에서는 협상을 통해 핵보유국의 요구를 수용하는 측면도 고려하지 않을 수 없다. 아무런 양보도 하지 않은 채 핵공격을 당하는 것보다는 상대방이 요구를 수용함으로써 핵전쟁을 회피하는 것이 합리적일 수 있기 때문이다.

# 2
# 북한의 핵위협 수준과 한국의 북핵 대응 실태

## 1) 북한의 핵위협 수준 평가

제2장에서 살펴보았지만 북한은 현재 수소폭탄급의 핵무기를 최소한 25개 보유하고 있고, 미 본토 공격의 잠재력을 가진 '화성-15형' 장거리 미사일의 시험발사에 성공했으며, SLBM의 시험발사에도 성공한 후 이것을 탑재할 수 있는 잠수함을 건조하는 과정에 있다. 남한에 대해서는 북한이 보유하고 있는 대부분의 탄도미사일에 핵무기를 탑재해 공격할 수 있는 능력을 보유하고 있고, 최근에는 요격회피 기동이 가능한 단거리 미사일의 시험발사에도 성공했다. 세계적 기준에서 봐도 전략무기화의 수준에 근접했다고 볼 수 있고, 한국의 입장에서 보면 전략적 위협의 수준을 초과했다고 볼 수 있다. 따라서 한국은 북핵이 전략무기화 수준에 도달한 것으로 간주해 대비태세를 평가하고 미흡한 부분을 보완해 나가야 한다.

일부에서는 한국의 재래식 전력도 상당하기 때문에 북핵을 전략적 위협으로 간주하지 않으려는 경향도 없지 않다. 그러나 한국 재래식 전력의 질이 어느 정도 높은지도 평가하기가 어렵고, 재래식 전력의 질이 북한의 양적 우위를 어느 정도 상쇄할 것인지도 확실하지 않다. 예를 들면, '세력화력지수(Global Firepower Index)'에서는 한국을 미국 · 러시아 · 중국 · 인도 · 일본에 이어 세계 6위의 군사력을 가졌다고 높게 평가하면서 북한은 25위에 불과한 것으로 낮게 평가하고 있다(GFP, 2020). 그러나 이것은 경제력 등 50개 이상의 다양한 요소를 복합적으로 고려함으로써 군사력의 범위를 애매하게 만든 측면이 있을 뿐만 아니라, 핵보유국인 프랑스와 영국보다 한국을 강하게 평가하는 것은 문제가 있고, 북한의 핵능력을 고려하지 않은 비교라서 의미가 없다.

『2018 국방백서』에서는 2018년 12월 기준으로 병력이 남한은 59만 9천 명, 북한은 128만 명으로 대조되고 있다. 전차 대수도 2,300대 : 4,300대이고, 야포도 5,800대 : 8,600대인데(국방부, 2018: 244), 이 정도의 양적 열세를 남한의 재래식 전력의 질이 보완할 수 있다고 보기 어렵다. 북한이 '3일 전쟁' 또는 '7일 전쟁'을 계획하고 있다면 그 정도를 지탱할 수 있는 전쟁지속능력은 확보할 수 있다고 봐야 하고, 남한에서 현지조달 가능한 부분도 적지 않다. 6 · 25전쟁의 사례에서 보듯이 남한의 항공 및 해상 우세가 전쟁의 향방을 좌우한다고 단정하는 것도 위험할 수 있다. 북핵이 사용되지는 않더라도 핵보유 자체로 재래식 전력의 위력을 상승시키는 승수효과(Multiplier)도 고려할 필요가 있다.

예를 들면, 비핵국가이면서 방어에 치중해야 하는 한국의 입장에서는 북한이 재래식 전력으로만 공격한다 해도 북한의 핵보복이 잠재되어 있기 때문에 과감한 반격이 어렵고, 부대를 종심 깊게 분산시켜야 하며, 상대방의 핵사용에 대비해 불편한 방호장비를 보유함으로써 전투효율성이 저하될 수밖에 없다. 반대로 북한은 핵무기라는 최후의 일격이 존재하기 때문에 과감한 공격이 가능하고, 남한의 대규모 반격을 우려하지 않은 채 전쟁 또는 군사작전을 주도할 수 있다. 따라서 동일한 양과 질의 재래식 전투력을 사용한다고 하더라도 핵무기를 보유한 북한과 그렇지 못한 한국은 발휘되는 전투력에서 차이가 많이 나고, 따라서 북핵 대응 없는 재래식 전력은 매우 취약해진다.

필자는 북한이 '신뢰적 최소억제' 수준의 전력을 보유하고 있다고 판단해 40%의 승수효과를 부여했고, 한국도 미국의 핵우산을 약속받고 있다는 점에서 그의 절반 정도 되는 20%의 승수효과는 발휘되는 것으로 가정해 핵무기를 포함한 군사력 비교를 실시한 바가 있다(박휘락, 2018c: 225-248). 그 결과 위와 같은 승수효과를 고려할 때 재래식 전력의 남북한 군사력 비교는 북한의 양과 한국의 경제력(결국은 경제력이 군사력의 질을 결정)이 상쇄해 거의 유사한 수준으로 나왔다. 다만, 유사한 수준임에도 북한이 단기속결전으로 나오면 경제력으로 대별되는 전쟁지속능력이 끼치는 영향이 적어져서 북한군이 다소 강해질 수밖에 없다.

북한이 '전 한반도 공산화'라는 그들 당=군대=국가의 목표를 달성하기 위해 핵무기를 사용할 수 있다고 본다면 남북한 군사력 비교는 매우 달라진다. 북한의 핵무기와 미국의 핵우산을 함께 고려할 경우 남북한의 총체적 전력은 현장에 스스로가 개발한 핵무기를 보유하고 있다는 점에서 북한이 상당할 정도로 우세해진다. 나아가 북한이 핵위협하에서 단기속결전을 감행한다고 보면 북한은 남한 전력의 두 배 정도 더 강한 것으로 평가된다. 최악의 상황으로 북한이 기습공격을 통해 속전속결을 추구하는 데 미국의 핵우산이 제공되지 않을 경우에는 북한이 전체 군사력에서 압도적인 우세를 갖는 것으로 평가했다(박휘락, 2018c: 241-243).

요약하면, 일반적인 상식처럼 북한이 핵무기를 보유하게 되면 한국의 재래식 군사력이나 대비태세는 의미가 없어진다. 북핵 대비에 모든 중점을 둬서 대비태세를 재조정할 수밖에 없고, 전략무기화 수준에 이른 북한의 핵능력 수준을 있는 그대로 인정하지 않을 수 없다.

## 2) 한국의 북핵 대응 실태

### (1) 외교적 비핵화

북핵 위협의 해결을 위해 한국이 중점적으로 노력해온 것은 외교적 비핵화였다. 1993년 북한이 핵확산금지조약(NPT) 탈퇴를 선언함으로써 초래된 최초의 핵위기에서 한국은 1994년 미국이 북한과 '제네바 합의(Agreed Framework)'를 체결하자 이를 지지하면서 경수로 건설을 위한 대부분의 비용을 부담했다. 2002년 미북 합의가 파기되자 2003년부터는 미국, 중국, 일본, 러시아, 한국, 북한으로 구성된

6자회담이 개최됐는데 한국은 이에도 적극 참가했고, 미국과 북한 간의 직접대화를 주선하기도 했다. 6자회담의 경우 미국과 중국이라는 강대국이 존재함에 따라 한국 정부의 영향력이 적어질 수밖에 없었지만, 상당한 열의를 갖고 참가한 것은 분명하다.

북한이 2013년 제3차 핵실험에 성공해 핵무기를 개발함으로써 한국의 외교적 노력이 효과를 발휘하기는 어려운 상황이 됐지만, 2017년 5월 출범한 문재인 정부는 북한의 비핵화를 위한 외교적 노력을 대대적으로 전개했다. 평창올림픽을 계기로 남북한 간 화해 분위기를 형성한 다음, 정의용 안보실장이 북한을 방문해 비핵화를 위한 북한의 입장을 확인했고, 4월 27일 남북 정상회담을 통해 '완전한 비핵화'라는 북한의 약속을 받아냈다. 한국은 미북 정상회담도 적극적으로 중재해 2018년 6월 12일 싱가포르에서 역사상 최초의 미북 정상회담이 개최됐다. 2019년 2월 27~28일에 하노이에서 개최된 제2차 미북 정상회담이 결렬되어 외교적 비핵화의 전망이 어두워지고 있지만 문재인 정부는 여전히 외교적 노력을 통한 비핵화에 중점을 두고 있다.

### (2) 경제적 제재

한국은 2010년 북한이 한국의 군함인 천안함을 폭침시키자 이에 대한 항의로 '5 · 24조치'를 강구해 북한과의 경제협력을 중단했다. 또한 북한이 제4차 핵실험과 장거리 미사일 시험발사를 실시하자 이에 대한 응징으로 2016년 2월 10일 개성공단을 폐쇄했다. 그러나 문재인 정부는 남북관계가 개선되어야 핵무기 폐기를 위한 북한과의 대화나 북한의 양보를 기대할 수 있다는 점에서 북한에 대한 경제제재를 가급적 완화하는 방향으로 노력해왔다. 그럼에도 국제사회의 경제제재는 지속됐고, 남북한의 경제교류는 북한이 거부해 제대로 시행되지 못하고 있다. 문재인 정부의 경우 역대 다른 어느 정부보다 북한을 적극적으로 지원하고자 했으나, 결과는 다른 어느 정부시기보다 남북 간의 교류와 협력이 미흡한 상황이 됐다. 북한의 결정에 의한 것이지만 북한에 대한 남한의 경제제재는 어쨌든 강화된 셈이다.

한국의 경제제재보다 더욱 결정적인 북한에 대한 제재는 유엔에 의해 시행되고 있다. 유엔은 2006년 북한의 제1차 핵실험 이후부터 북한이 도발할 때마다 경제제재 결의안을 통과시켜 지속적으로 북한을 압박해 왔다. 유엔은 지금까지 9개의 결의안을 통과시켰고, 각 결의안이 통과될 때마다 제재 강도를 높여서 철광석과 석탄을 비롯한 북한의 수출을 대부분 금지한 상태이다. 2017년 12월 22일 통과된 안보리 결의안 2397호는 북한에 대한 정유제품 공급량을 연간 200만 배럴에서 50만 배럴로 줄였고, 원유공급도 연간 400만 배럴로 상한선을 부과했으며, 해외에 파견된 북한 노동자들을 24개월 안에 송환하도록 하고, 대북 제재 위반이 의심되는 선박의 동결과 억류를 의무화하는 등 제재의 강도가 매우 높았다.

그동안 중국과 러시아가 북한을 지원하고 있어서 북한에 대한 경제제재의 효과는 기대만큼 크지 않았다. 북한 문제 분석단체인 '38 North'는 2018년 초에 북한의 2017년 경제성장률은 4.9%이고, 2018년에도 3.2% 정도 성장할 것이라면서 유엔의 경제제재가 북한 경제에 심각한 영향을 미치지 않고 있다고 분석하기도 했다(Frank, 2018). 그러나 북한 노동자 송환이 2019년 12월 이행되어 북한에 대한 현금유입이 어렵고, 북한의 자력갱생 경제도 그 한계를 점점 노출시키는 것으로 보이며, 중국과 러시아의 지원도 쉽지 않다. 따라서 1993년 북한의 핵무기 개발의도 노출 이후 20년 이상 지속됨에 따라 북한에 대한 경제제재가 적지 않은 효과를 발휘하게 될 가능성도 없지는 않다.

### (3) 억제

한국은 핵무기를 보유하고 있지 않아서 동맹국인 미국의 핵우산 또는 확장억제에 의존할 수밖에 없기 때문에 북핵 위협이 대두되자 한국은 이것들을 확실하게 보장하고자 노력했다. 2010년 한미 양국 국방부 간에 '한미확장억제 정책위원회(EDPC: Extended Deterrence Policy Committee)'를 구성했다가 2015년 4월 이를 '한미 억제전략위원회(Deterrence Strategy Committee)'로 격상시켰고, 2016년 10월에는 한미 양국 외교 및 국방의 차관급으로 구성된 '확장억제 전략협의체(EDSCG: Extended Deterrence Strategy and Consultation Group)'까지 구성했다. 한미 양국 군대도 방어(Defend) · 탐지(Detect) · 교란(Disrupt) · 파괴(Destroy)를 말하는 '4D'의 개념에 근거해 확장억제의 이행에 적극적으로 협력하고 있다. 다만, 문재인 정부가 들어서서 외교적 노력으로 북한의 핵무기를 폐기하는 데 전력을 경주함에 따라 한미연합 억제태세 강화 노력은 소홀해진 상태이다.

더욱 문제가 되는 것은 미국의 확장억제가 실제 상황에서 그대로 이행될 것으로 확신하기는 어렵다는 점이다. 미국이 대규모 핵응징 보복을 가하면 중국이나 러시아와의 핵전쟁으로 확전될 수도 있고, 엄청난 북한 주민들을 살상해야 하며, 국내적인 공감대를 형성하는 것도 쉽지 않다는 점에서 미국이 확장억제 이행을 주저할 가능성이 높기 때문이다. 실제로 확장억제는 동맹국들이 듣고 싶어 하는 수사(rhetoric)에 불과하다는 평가도 있다(김정섭, 2015: 8). 더구나 북한이 미국의 영토나 도시에 수소폭탄 공격을 가하겠다고 위협할 경우 미국은 자국의 도시에 북한의 핵공격이 가해지는 위험을 각오하지 않는 한 확장억제를 이행할 수가 없다. 그래서 국내는 물론이고 미국 내에서도 미국의 핵무기를 한국에 다시 배치함으로써 이러한 확장억제의 불안을 감소시켜야 한다는 의견도 제시되고 있는 것이다.

확장억제의 불확실성에 근거해 한국은 비핵무기에 의한 자체적인 억제책을 제시하기도 했다. 그것은 'KMPR(Korea Massive Punishment and Retaliation)'로서, "현재의 탄도 · 순항미사일 능력으로도 상당 수준의 응징보복이 가능하고, 추가적으로 최적화된 발사체계 및 대용량 고성능 탄두 등을 개발하고 일부 특수부대를 정예화된 전담부대로 개편해 응징보복 능력을 극대화시켜 나간다"는 개념이었다(국방부, 2016: 60). 그러나 북한의 핵위협에 재래식 무기를 통한 응징보복이 효과를 거둘 것으로 확신하기 어려운 점이 있다. 그나마도 문재인 정부가 들어서서 남북관계를 저해할 수 있다는 차원에서 이 개념은 거의 사라진 상태이고, 이를 수행하기 위한 부대도 유명무실화되고 말았다.

### (4) 방어(대피)

재래식 공격에 대한 민방위를 위해 한국은 1975년 '민방위법'을 제정했고, 20세에서 40세까지의 남성으로 민방위대를 편성했으며, 현재도 매년 8회에 걸쳐 모든 국민들이 민방공 훈련을 실시하고 있다. 그러나 이것은 재래식 민방위에 국한되어 있을 뿐만 아니라 질적인 측면에서 미흡함도 적지 않다. 한국은 아직 핵폭발에 대비한 핵민방위의 시행 여부를 결정하지 못하고 있는 상태이고, 핵폭발 시에 대비한 대피소도 전혀 보강하고 있지 않다. 2017년 12월 19일 김부겸 당시 안전행정부 장관은 국회에 출석해 "정부가 나서서 위험을 조장한다는 오해와 불안감이 있을 수 있다"면서 북한의 핵미사일 위협을 상정한 대피 조치나 훈련을 하지 않겠다는 입장을 밝히기도 했고, 이 기조가 지금도 유지되고 있다.

### (5) 방어(요격)

억제가 제대로 기능하지 않은 결과로 상대방이 핵미사일을 발사하면 동원 가능한 대책은 핵미사일 공격을 공중에서 요격하는 것, 즉 BMD를 구축하는 것이다. 그런데, 한국의 경우 "한국의 미사일 방어＝미국 MD 참여"라는 일부 시민단체의 반대에 가로막혀 하층 방어 위주로 제한적으로만 추진함으로써 방어체제 구축의 방향 자체가 잘못 설정됐다. 한국은 항공기 요격용으로 PAC-2 8개 포대를 구입했다가 이를 탄도미사일 요격용인 PAC-3 요격미사일로 개량해 나가고 있지만 전국의 주요도시를 방어할 수 있는 숫자가 되지 못하고, 자체적으로 20km 고도에서 요격 가능한 중거리 대공미사일(M-SAM)을 개발해 2019년부터 실전배치한다는 계획과 함께 장거리 대공미사일(L-SAM)도 개발해 나가고 있지만, 그 성능이 충분할지 확신하기 어렵다(홍동욱, 2016: 66). 한국은 요격 고도가 40~150km인 미군의 사드(THAAD) 1개 포대를 성주에 배치하고 있으나 이것으로는 전국 방어가 어렵고, 특히 휴전선에 가까운 수도 서울 보호에는 어려움이 있다. 한국은 북한과 4km 비무장지대를 사이에 두고 접속하고 있어서 북한이 단거리 미사일을 낮은 고도를 사용해 공격할 경우 BMD로 방어하는 것이 어렵다는 근본적 한계가 존재한다.

### (6) 공격(선제타격)

선제타격은 한국이 자체적으로 조치할 수 있는 분야 중에서 가장 현실적인 내용이고, 따라서 그 능력 향상에 지속적으로 노력해오고 있다. 2013년 2월 북한의 제3차 핵실험이 예상될 당시 정승조 합참의장은 북한의 핵무기 사용에 대한 '명백한 징후'가 발견될 경우 선제타격 하겠다는 개념을 제시했고, 이것이 '킬 체인'으로 발전됐다. 한국은 북한의 핵미사일을 30분 이내에 '탐지 → 식별 → 결심 → 타격'한다는 목표하에, F-35 스텔스 전투기와 글로벌 호크 정찰기의 도입을 결정했고, 2019년부터 이것이 실제 도입되어 기능을 수행해 나가고 있다.

선제타격과 관련해 개선의 소지가 큰 것은 북한의 핵무기 사용

징후를 정확하게 파악하는 정보역량과 유사시 타격부대로 하여금 신속하면서도 정확하게 시행하게 하는 지휘통제 역량이다. 특히 북한은 액체연료를 사용해 발사준비에 30분 정도 소요되던 미사일들을 점차 5분 이내에 발사할 수 있는 고체연료 미사일로 전환해 나가고 있기 때문에 북핵 미사일 발사 징후를 파악하거나 발사 이전에 파괴하는 것이 점점 어려워지고 있다. 이 분야는 기술에 의존하는 부분이 커서 재원을 투입한다고 하여 금방 향상되기 어렵다는 한계도 있다.

### (7) 공격(예방타격)

예방타격의 경우 한국에서는 그 정당성이 낮으면서 위험성이 크다는 이유로 제대로 논의되지 못했다. 이명박 정부 당시 '능동적 억제전략'이라는 용어로 도발 이전에 타격해 제거하기 위한 능력과 의지를 강조한 적이 있지만, 이 의미도 선제타격에 가까웠고, 예방타격을 적극적으로 논의한 사례는 없었다.

오히려 한국의 정치지도자와 국민들은 미국에서 예방타격이 거론될 때마다 거부감을 드러냈다. 1994년 미국이 영변의 북한 핵발전소를 예방차원에서 '정밀타격(Surgical Strike)'하는 방안을 검토하자, 김영삼 대통령과 상당수 국민들은 극력 반대했다. 2016년 9월 9일 북한의 제5차 핵실험 후 미국 내에서 예방타격 차원의 선제타격론이 제기됐을 때도 야당과 시민단체들은 전면전으로의 확전을 강조하면서 비판했다. 2017년 4월 13일 개최된 대통령 출마자들의 토론회에서도 대부분 예방타격에 부정적인 입장을 표명하면서 미국이 실시할 경우 중단하도록 조치하겠다는 입장이었다. 문재인 대통령은 2018년 1월 1일 국회 시정연설에서 "어떠한 경우에도 한반도에서 무력충돌은 안 된다. 대한민국의 사전 동의 없는 군사적 행동은 있을 수 없다"는 점을 평화실현을 위한 제1원칙으로 강조하기도 했다.

### (8) 타협

한국의 정부와 국민들은 북한과의 타협 필요성을 지속적으로 인식해 왔다. 핵무기를 개발한 북한과의 대화를 강조하는 것은 타협을 통한 핵전쟁 회피 의도가 내재된 것으로 봐야 한다. 한국은 북한이 체제유지라는 수세적 목적으로 핵무기를 개발했을 뿐이라면서 핵공격 가능성을 부정하는 모습을 보였고, 북한의 붕괴 가능성을 우려하는 사람들도 없지 않다. 즉, 한국의 경우 심리적으로는 타협 필요성을 인식하고는 있으나 현실적으로 그것이 어떤 의미이고, 어떤 결과를 초래할 것이며, 어떤 타협 방안이 있는지를 진지하게 논의해 오고 있지는 않았다.

## 3
## 한국의 북핵 대응 수준 평가

북한의 핵위협이 전략적 수준으로까지 강화됐지만, 한국의 대응 방법은 외교적 비핵화에 지속적인 중점을 두는 수준에 머물렀다. 북한과의 화해협력을 중시한 김대중 정부와 노무현 정부는 말할 필요도 없고, 이명박 정부와 박근혜 정부도 '비핵 3000'이나 '한반도 신뢰 프로세스'라는 명칭으로 북한에 대한 경제적 유인이나 관계개선을 북핵 대응의 핵심정책으로 제시했다. 북한은 수소폭탄을 물론이고, ICBM에 근사한 장거리 미사일을 개발하면서 전략무기의 수준을 더욱 높이고 있어서 더욱 포괄적이면서 군사 중심의 조치가 강구되어야 하지만, 문재인 정부는 외교적 비핵화 노력을 더욱 강화했다. 2018년 2월 평창 올림픽을 계기로 남북관계를 진전시켰고, 이에 대한 감사사절단으로 정의용 안보실장을 보내어 북한의 '비핵화 용의'를 전달받기도 했다. 2018년 4월 27일 판문점 정상회담에서 '완전한 비핵화'에 합의하면서 세 번의 남북 정상회담을 개최했고, 미북회담을 중재해 2018년 6월 12일 싱가포르 정상회담과 2019년 2월

27~28일 사이에 하노이 정상회담도 개최됐다.

그러나 제1장에서 설명했지만, 상대가 핵무기를 개발하는 과정에 있어도 포기시키기 어려운 것을, 핵무기 개발에 성공한 상태인데 외교적 설득으로 포기시킬 수 있다는 것 자체가 오판일 수밖에 없다. 그렇기 때문에 2018년에 한국과 미국이 집중적인 노력은 기울였지만, 북한의 핵무기 폐기를 위한 실질적인 성과는 전혀 거두지 못한 것이다. 북한은 '완전한 비핵화'가 자신의 핵무기만이 아니라 미국의 핵우산도 함께 철폐하는 것으로 주장하면서 핵무기 폐기를 거부하고 있다. 북한이 사실상의 핵보유국을 지향하고 있다는 관측이 더욱 설득력이 있다. 다만, 경제제재가 시행된 지 상당한 시간이 흘러서 효과가 발생하고 있음에 따라 북한 정권의 기반이 약해질 수 있고, 그 결과로 북한이 핵무기 폐기에 관한 협상에 나설 가능성은 존재한다. 그러나 과거의 경험에서 수차례 입증됐듯이 북한과의 합의는 기만책에 불과할 가능성이 크고, 실제 북한이 핵무기를 폐기할 것인지는 불확실하다고 할 것이다.

억제의 경우 한국은 미국의 다른 동맹국들과 마찬가지로 미국의 확장억제에 전적으로 의존하고 있다. 북한의 도발로 한반도 정세가 불안해질 때마다 미국의 전략폭격기와 잠수함 등이 출동해 확장억제의 확실성을 강조하는 것이 그 일환이다. 그러나 문재인 정부에 들어서 한미동맹은 매우 취약해지고 있다. 확장억제의 이행을 위한 한미 양국 간의 협의는 전혀 이루어지지 않고, 미국은 터무니없이 많은 방위비 분담금을 요구하고 있으며, 한국은 인색한 태도를 견지하고 있다. 북한의 비핵화 협상 과정에서 한미연합훈련을 축소시켰고, 한국 정부는 북핵 위협 상황임에도 불구하고 전시 작전통제권을 환수한다면서 한국군으로 한미연합사령관을 임명하겠다고 고집하고 있다. 현 상황에서 북핵에 대한 효과적 대응책은 미국의 억제력을 최대한 활용하는 것인데, 특이하게도 현재의 한국 정부는 이에 별다른 관심을 보이지 않고 있다.

대피와 요격으로 대표되는 방어적 방법은 핵위협이 강화되는 정도에 맞추어 준비되어야 하지만, 한국은 그렇지 않았다. 핵민방위에 관해서는 전혀 대비하지 않고 있는 상태이고, BMD의 경우에도 '미 MD 참여 불가'라는 여론에서 아직도 완전히 벗어나지 못한 상태이다. 자체적으로 개발해 나가고 있는 M-SAM과 L-SAM의 요격미사일도 신속하게 생산 및 배치되지 못하고 있다. 한국과 유사하게 북핵 위협에 노출되어 있는 일본이 전국의 주요도시들을 2회 요격할 수 있는 능력을 구비한 상태에서 3회 요격까지 가능하도록 SM-3 지상용 요격미사일을 구매하고, 미국과 협력해 더욱 높은 고도의 SM-3 BlockIIA를 개발하고 있는 것과 비교하면 요격에 대한 한국의 비중은 상황적 요구에 비해 낮다고 평가하지 않을 수 없다.

공격의 경우 한국군은 스텔스 전투기인 F-35를 2019년부터 2021년까지 40대 도입해 전력화하고 있고, 글로벌 호크 무인정찰기도 2019년부터 4대 도입해 배치했다. 선제타격에 필요한 타격력 자체는 상당히 보강된 상태이다. 기본적으로 한국은 상당히 높은 질의 공군력을 보유하고 있고, 정밀타격을 위한 정밀탄도 충분히 구비하고 있으며, 미국의 적극적인 지원을 받을 수 있다. 따라서 적시에 결심할 경우 선제타격의 성공 가능성은 높다. 다만, 선제타격의 시행에 필요한 결심체계와 한미 양국 군의 연합타격 계획수립이나 훈련이 미흡하다는 점에서 불안한 점이 없지는 않다. 이러한 한국의 북핵 대

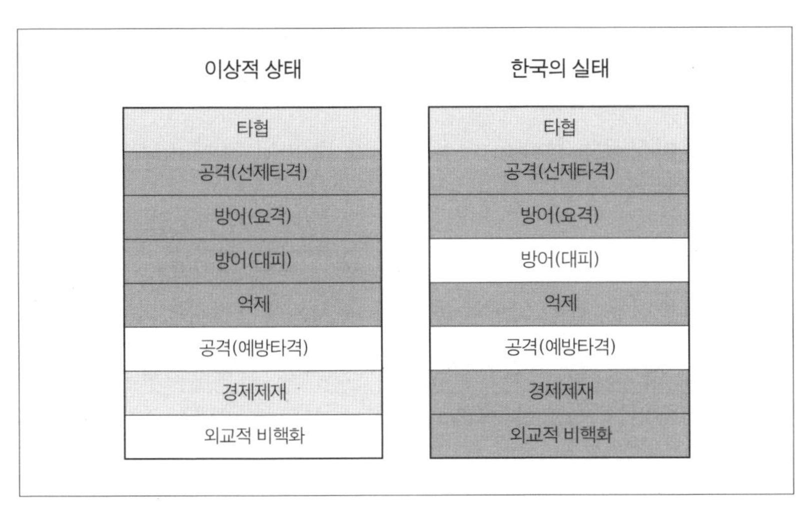


**〈그림 2〉 핵 대응 포트폴리오의 비교**

응 포트폴리오를 이상적인 형태와 비교해보면 〈그림 2〉와 같다.

〈그림 2〉를 보면 일반적인 경우에 비해서 한국은 대피에 대한 관심이 비정상적일 정도로 약하고, 외교적 비핵화에 대한 의존도는 비정상적일 정도로 매우 높다. 경제제재의 경우에도 일반적인 경우에 비해서 비중이 높다. 포트폴리오들의 세부내용에 있어서도 한국은 방어(요격) 측면에서 미흡함이 적지 않고, 미국의 확장억제와 관련해서도 위험한 측면이 늘어나고 있다.

문재인 정부가 추진하고 있는 북핵 폐기를 위한 외교적 노력이 성공을 거둔다면 한국은 핵위협 해결에 관한 특별한 선례를 남기게 된다. 북한이 수십 년간 총력을 기울여 개발해온 핵무기를 끈질긴 외교적 노력을 통해 폐기시킨 첫 번째의 전례가 될 것이기 때문이다. 그러나 2018~2019년 사이의 경험을 통해서 볼 때 북한이 진정으로 핵무기를 폐기할 것으로 확신하기는 어렵다. 결국 북한은 핵능력을 지속적으로 증강하는데 한국은 외교적 비핵화에 높은 관심을 두면서 유효한 대응방법의 비중을 약화시킬 경우 한국의 북핵 대응 포트폴리오는 이상적인 형태와 더욱 차이가 많이 날 것이고, 북핵 위협에 잘못 대응해 큰 실패를 초래할 가능성이 없지 않다.

지금까지 한국이 전혀 시행하지 않고 있는 핵위협 대응 방안은 핵공격을 받았을 경우 국민들을 대피시키는 핵민방위이다. 냉전시대에 소련이 핵무기를 개발함과 동시에 미국은 핵민방위를 시작했고, 북핵에 관해서는 일본과 하와이는 어느 정도의 민방위 조치를 강구하고 있다. 이러한 점에서 한국은 핵민방위에 관한 기초적인 검토와 제도적인 정비는 물론이고, 기존 재래식 민방위 대피소의 기준을 핵대피가 가능하도록 상향 조정해 보완할 필요가 있다. 행정안전부는 핵폭발 상황에서 국민들을 보호하는 데 필요한 위기관리체계를 발전시키고, 이를 위한 법령과 체제를 구축하며, 필요시 구현할 수 있는 계획을 발전시켜 나갈 필요가 있다(김학민, 2016: 57).

# 4
# 결론

현 상황에서 한국에게 가장 시급한 과제는 외교적 비핵화의 성과와 지속 여부에 대한 냉정한 판단을 내리는 일이다. 문재인 정부의 사례에서 충분히 입증됐듯이 외교적 비핵화에 중점을 두면 다른 북핵 대응방법은 등한시할 수밖에 없는데, 그러다가 외교적 비핵화에서 성과를 거두지 못하면 전체 북핵 대응태세가 심각하게 미흡해지는 상황이 될 수 있기 때문이다. 외교적 비핵화는 한국의 북핵 대응태세에 관해 상당한 기회비용을 유발하고 있다고 봐야 한다. 당연히 외교적 비핵화가 성공하면 최선이지만, 지금까지의 경험이나 이론적인 검토에 의하면 북한이 전략무기화 수준에 이른 상태에서 외교적 비핵화의 성공을 기대하는 것은 쉽지 않다.

2019년 2월 28일 하노이 회담이 결렬된 이후 남북 간은 물론이고, 미북 간에도 협상이 거의 중단됐다. 트럼프 대통령은 2020년 의회에서의 국정연설에서 북한이라는 단어 자체를 언급하지도 않았다. 미국의 북핵 협상팀도 대부분 다른 자리로 이동했다. 북한은 '정면돌

파전'이라면서 더더욱 강경한 입장으로 선회하고 있다. 북한은 남한과는 어떤 접촉도 하지 않는다는 입장을 공식화했을 뿐만 아니라 수시로 남한 정부를 조롱하고 있다. 문재인 정부가 아무리 노력해도 외교적 비핵화는 그의 진행 자체가 어려운 상황이다. 한국은 외교적 비핵화가 쉽지 않은 현실을 인정하면서 북핵에 대한 대응 포트폴리오의 상황적 적절성을 대대적으로 재검토한 후 미흡한 방안은 집중적으로 보강해야 하는 상황이다.

이제 한국은 핵위협에 대한 민방위의 개념과 필요시 추진할 일부 과제들을 정부 차원에서 검토할 필요가 있고, 서울은 물론이고 전국의 주요 도시를 공격하는 북한 핵미사일에 대해서는 2회의 요격기회를 확보한다는 목표하에 더욱 포괄적인 BMD의 청사진을 정립해 구현해 나갈 필요가 있다. 나아가 미국의 확장억제가 확실하게 이행되도록 보장책을 지속적으로 강화하되 자체적인 억제책, 즉 KMPR을 더욱 정교하게 가다듬을 필요도 있고, 선제타격의 경우에도 타격력과 정보력을 지속적으로 보강하면서 유사시 성공을 보장할 수 있는 질 높은 계획과 훈련, 그리고 적시적인 결심을 위한 법적인 검토 등 연성요소(Software) 측면도 개선해 나갈 필요가 있다. 이러한 노력들이 병행될 때 외교적 노력의 성과도 기대할 수 있고, 동시에 외교적 노력이 성공하지 못하더라도 국가가 심각하게 위태롭지는 않을 것이다.

# 제3장
# 싱가포르 미북 정상회담

외교적 비핵화를 위한 한국의 노력은 미국의 트럼프 대통령과 북한의 김정은 국무위원장이 2018년 6월 12일 싱가포르에서 역사상 최초의 미북 정상회담을 개최함으로써 최고조에 달했다. 한국은 물론이고, 전 세계가 이 회담에 엄청난 기대를 보냈고, 북핵 폐기를 위한 실질적인 합의가 이루어지기를 기원했다. 정상회담 프레스센터에는 2,500명 정도의 기자가 운집했고, 싱가포르 정부가 북한의 체제비 일체를 부담하기도 했다. 이 회담에서 미북은 '완전한 비핵화'에 합의했다.

그러나 싱가포르 회담의 성과가 의심받는 데는 많은 시간이 필요하지 않았다. 회담 후 기자회견에서 트럼프 대통령은 성공이라고 우겼지만, 북한은 자신의 핵무기 폐기에 합의하지 않았다면서 부정했다. 싱가포르 회담은 북한의 김정은을 국제사회에 데뷔시켜 주고, 북한 정권의 정통성을 미국이 인정해주는 등 북한에게 활용당한 이벤트에 불과한 일이 되고 말았다. 싱가포르 회담은 기본적으로 협상이라기보다는 북한과의 접촉이었고, 분위기 자체가 매우 낭만적이었으며, 결국 실질적인 성과를 달성하지는 못했다.

# 1
# 협상에 관한 이론 검토

## 1) 협상의 필요성과 유형

일반적인 협상은 상대방과 어떤 사항을 논의해 합의에 도달하는 과정을 의미한다. "둘 또는 그 이상의 당사자들이… 그들 모두가 이익을 보는 방향으로… 서로의 행동 조정하기 위한… 상호 소통의 과정"이다(Korobkin, 2009: 1). 이러한 과정은 인간의 일상사에 너무나 빈번하게 발생하기 때문에 협상이라고 명명하든 하지 않든 인간 세상의 일상이라고 봐야 한다. 당연히 국제사회에서도 협상이 발생하고, 이것은 분쟁을 평화적으로 종료하고자 상대방과 소통하는 것으로서, 분쟁해결의 중요한 방법이다(Schneider, 2013: 189).

협상이 성립하려면 쌍방이 협상을 통한 문제해결이 바람직한 것으로 결정해야 한다. 어느 일방이라도 협상 이외의 다른 방법 — 예를 들면, 법적 해결이나 강제적 해결 등 — 을 선호하면 협상은 발생하지 않는다. 쌍방이 협상을 통한 문제의 해결이 가장 적은 비용을 들여 가장 많은 이익을 가져올 수 있다고 결심할 때 협상은 시작된다. 다만, 협상이 유용하다고 평가하는 정도와 협상에 임하는 적극성이 조직마다 다를 것이다. 그래서 협상에 대한 선호도가 큰 어느 일방이 상대방에게 협상을 하는 것이 다른 대안보다 더욱 이익일 것이라는 것을 설득해 협상을 성립시킬 수도 있다.

어느 한 당사자의 입장에서 보면 협상은 상대방을 설득해 어떤 합의에 이르게 하는 과정과 노력이다. 즉 내가 설정한 목표를 달성할 수 있도록 상대방을 유도하는 과정이 협상이다. 상대방도 나름대로의 목표를 갖고 나를 설득할 것이라고 보면 결국 협상은 쌍방이 자신의 목표로 상대방을 유도해 나가는 과정이 된다. 나와 상대방의 목표 간에 차이가 클수록 협상은 쉽지 않고, 차이가 작을수록 협상이 성공할 가능성은 커질 것이다. 그런데 상대방을 나의 목표로 유도하는 것이 쉽지 않기 때문에 협상에 관한 다양한 이론과 전략이 발전되어온 것이다.

예를 들면, 협상에서 서로의 목표 간 격차를 줄여나가는 접근방식과 관련해 서로의 이익과 손실을 조정하는 데 초점을 두는 이해기반 해결(Interest-based Solution), 법적인 측면에서 누가 옳은지를 판단하는 권리기반 해결(Right-based Solution), 서로 위협하거나 협박하는 행위를 위주로 하는 실력기반 해결(Power-based Solution)로 구분하기도 한다(윤홍근 · 박상현, 2010: 22). 당연히 각 접근방식은 장단점을 공유하고 있을 것이고, 어느 방식을 사용하는 것이 최선인가는 협상의 주제와 협상을 둘러싼 상황에 따라 달라진다.

### 2) 협상의 전략

협상을 통해 서로의 공통이익을 증대시킬 수 있는 경우가 없는 것은 아니지만, 대부분의 경우 협상은 제로섬(Zero-sum)의 거래이고, 따라서 정해진 몫에서 상대방의 것은 줄이면서 내 것은 증대시키는 성격이 될 수밖에 없다(Alfredson and Cungu, 2008: 7). 이와 같이 협상에서 상대방보다 유리한 결과를 획득하고자 한다면, 이를 위한 효과적인 방법론이 필요할 것이고, 그것을 협상전략이라고 말할 수 있다. 당연히 학자나 협상가마다 다양한 전략을 소개 및 추천하고 있다.

협상에 관한 이론적 토의가 충분히 활성화된 것은 아니지만, 통용되는 협상전략의 가장 기본적인 형태는 강성입장 협상(Hard Positional Negotiation), 연성입장 협상(Soft Positional Negotiation), 원칙입장 협상(Principled Negotiation)의 구분이다(Fisher, et al., 2011: 9-15; 엄철용 · 김호철, 2015: 202). 여기에서 강성입장 협상은 "목표는 승리이고, 문제와 상대방에 대해 강경하며, 상대방을 불신하면서 자신의 입장을 고수한다"(Fisher, et al., 2011: 9). 이에 반대되는 것이 연성입장 협상으로서, 자발적인 양보와 태도의 유연성으로 상생을 추구한다. 강성협상 대(對) 연성협상의 대결구도를 타파하기 위한 방안으로 제시되기 시작한 것이 원칙입장 협상인데, 이것은 협상의 타결에 필요한 기본조건을 우선적으로 협상한 후 그 원칙에 따른 결과를 수용하는 것으로서 "이익조정 조건에 대한 메타협상 우선시 정책"이다(전재성, 2002: 5). 원칙입장 협상이 권장되는 것이 사실이지만, 사전에 정해놓은 원칙이 존재하지 않을 가능성이 크고, 새로운 원칙을 협의해 확정하는 것이 쉽지 않다.

어떤 협상전략을 선택할 것이냐는 것은 상대방이 어떤 전략을 선택하느냐에 따라 달라질 수밖에 없다. 나는 연성입장 협상이나 원칙입장 협상을 사용하고자 하지만 상대방이 강성입장 협상을 사용할 경우 결국은 강성입장 협상을 선택하지 않을 수 없게 된다. 강성입장 협상을 추구하는 상대방에게 연성입장 협상으로 대응할 경우 불리한 결과를 가질 수밖에 없기 때문이다. 그러한 불리점을 회피하고자 서로가 강성입장 협상을 선택하면 협상은 전쟁과 유사한 충돌의 성격을 갖게 되고, 협상에서 원만한 성과를 달성하기는 어렵다. 결국 협상전략에 대한 핵심적인 고민은 강성입장 협상을 선택하는 상대방에게 얼마나 효과적으로 대응해 의도하는 합의를 만들어내느냐가 될 수밖에 없다.

### 3) 협상의 성공요소

다른 사회과학의 주제에서도 그러하지만 협상에서도 이의 성공을 보장할 수 있는 요소들에 대한 탐구가 흥미롭게 진행됐다. 이 또한 경험자마다 나름대로의 독특한 비법이 있을 수 있고, 상황에 따라 다를 것이기 때문에 정형을 제시할 수는 없다. 다만, 그동안의 논의를 통해 몇 가지 공통적인 사항들은 정리되어 있다. 그중 두 가지만 소개하면 다음과 같다.

협상의 성공을 위해 공통적으로 거론되고 있는 설득력 있는 요소 중 하나는 '최상대안(BATNA: Best Alternative to a Negotiated Agreement)'

이다(Fisher, et al., 2011: 102). 상대와 합의에 이르지 못할 경우 협상자가 선택할 수 있는 다른 방안 중에서 나에게 가장 유리한 대안이 바로 최상대안이다. 당연히 이것은 적에게는 가장 불리하고 나에게는 가장 유리한 대안일 것이다. 효과적인 최상대안을 보유할수록 협상에서 유리해질 수밖에 없다. 즉 "최상대안이 좋을수록, 협상력도 커진다(The better your BATNA, the greater your power)(Fisher, et al., 2011: 104)". 최상대안이 분명할수록 결렬을 걱정하지 않은 채 협상을 진행할 수 있기 때문이다. 따라서 협상에서 성공하고자 한다면 협상결렬을 대비해 다양한 예비 대안을 개발한 후 그중에서 가장 효과적이면서 실질적인 대안을 선택해 추가적인 보완조치를 강구함으로써 최상대안으로 만들어 보유하고 있어야 한다. 당연히 상대방의 최상대안을 정확하게 파악해 협상과 최상대안에 반영하는 사항도 중요하다.

협상의 성공을 위해서는 시간적 여유를 갖는 것도 중요하다. 시간적으로 쫓기는 입장, 즉 협상의 타결을 서둘러야 할수록 조급해져서 협상에서 유리한 결과를 얻어내기가 어려울 것이기 때문이다. 그래서 대부분의 협상에서는 마감시간이 가까워올수록 서로의 양보율이 커진다(안세영, 2003: 30-31). 협상을 조기에 타결하는 것이 불가피한 경우도 있겠지만, 성급하게 타결하고자 할수록 불리한 결과에 만족해야 한다. 시간적 여유를 갖고 기다릴 수 있는 조건하에서 협상을 시작하는 것이 유리함은 말할 필요가 없다.

# 2
# 싱가포르 미북 정상회담의 배경과 경과

## 1) 회담의 배경

싱가포르 회담이 개최된 결정적인 배경이 북한의 핵능력 신장임을 부인하기는 어렵다. 북한의 괄목한 핵능력을 더 이상 무시할 수 없다고 판단해 미국이 회담을 수용했다고 봐야 하기 때문이다. 북한은 수소폭탄을 포함한 다수의 핵무기를 개발하는 데 성공했고, 무엇보다 ICBM의 개발에 근접할 정도로 장거리 미사일 능력을 향상시킴으로써 미국을 직접 위협하게 됐다. 특히 북한은 2017년 11월 29일 그들의 '화성-15형'을 부양(浮揚) 궤도(Lofted Trajectory)를 활용해 4,475km, 비행거리 950km를 기록했는데, 이것이 최소에너지 궤도(Minimum Trajectory)로 발사됐다면 1만 3,000km 이상 비행해 미 대륙 전역을 타격할 수 있는 것으로 언론에서 보도하기도 했다(조의준 · 김진명, 2017: A1). 2018년 2월에 발표한 미국의 '핵태세검토보고서(NPR: Nuclear Posture Review)'에서 북한이 "수개월 후 핵장착 탄도미사일로 미국을 타격할 수 있는 능력 구비 가능"으로 평가한 이유이다(Department of Defense, 2018b: 11). 미국은 수소폭탄을 장착한 북한의 ICBM이 미 본토의 어느 도시를 공격하는 상황을 고려하지 않을 수 없었고, 따라서 이의 제거를 위한 협상이 필요하다고 판단했을 것이다.

경제적 제재나 군사적 옵션으로 북핵 문제를 해결하는 것이 쉽지 않다는 미국의 현실적 판단도 싱가포르 회담의 성사에 중요한 영향을 미쳤다. 미국은 기존에 시행해온 대북제제 결의안 제825호(1993.5.11), 제695호(2006.7.15), 제1718호(2006.10.14), 제1874호(2009.6.12), 제2087호(2013.1.23), 제2094호(2013.3.7)에 이어서 제2270호(2016.3.2), 제2321호(2016.11.30), 제2397호(2017.12.22)로 제재의 강도를 강화했지만, 자력갱생이라는 북한의 경제체질을 고려할 때 이의 효과 발생에는 상당한 시간이 소요될 가능성이 크기 때문이다. 또한 트럼프 대통령은 취임 전후부터 "모든 대안을 고려한다"라는 말로 군사적 옵션을 언급하면서 수시로 그를 위한 군사력도 전개시켰지만, 군사적 대안은 무척 위험한 것이 사실이다. 군사적으로 북한의 핵무기를 제거할 수 있을지도 불확실하고, 북한의 모든 핵무기를 한꺼번에 제거하는 것은 더더욱 장담할 수 없으며, 중국이나 러시아와의 전쟁으로 악화될 위험도 크기 때문이다.

싱가포르 회담의 성사에는 한국 정부의 중재역할도 중요하게 작용했다. 한국 정부는 평창 동계 올림픽을 효과적으로 활용해 남북관계를 개선한 다음에, 2018년 3월 특별사절단을 파견해 북한의 비핵화 의지를 확인했고, 이를 미국에게 전달해 미북 정상회담의 약속을 받아냈기 때문이다. 한국 정부는 2018년 4월 27일 판문점에서 남북 정상회담을 개최한 후 '완전한 비핵화'라는 합의를 발표했는데, 이를 통해서도 미국은 북한의 비핵화 의지를 어느 정도 신뢰하게 됐다. "트럼프 대통령이 북미 정상회담 결정을 내린 배경에는 문재인 대통령의 정상회담 여건(북한의 비핵화 약속, 핵 · 미사일 실험 중단 등) 조성 노력이 주효"했다는 평가이다(전봉근, 2018: 8).

## 2) 회담의 제안과 성사

싱가포르 회담은 북한의 제안으로 시작됐다. 2018년 3월 6일 북한의 김정은 국무위원장을 만난 한국의 정의용 안보실장이 2018년 3월 8일 미국 트럼프 대통령에게 북한의 비핵화 용의와 정상회담 의사를 전달해 성사됐기 때문이다. 3월 8일 트럼프 대통령은 다음 날 면담 예정이던 한국 사절단을 일찍 불러 면담한 후 정상회담 제안을 그 자리에서 수락했다. 미 국가안보 보좌관인 볼튼(John Bolton)이 4월 27일 판문점 회담에서 문재인 대통령이 김정은 위원장에게 1년 이내에 비핵화하자고 제안했을 때 그가 동의했다는 사실을 전달받았다고 공개했듯이(정효식 · 유지혜 · 권유진, 2018: 5), 당시는 미국도 북한이 핵무기를 폐기할 의지가 있는 것으로 판단했을 개연성이 크다.

미국의 트럼프 대통령은 회담을 수락하고 나서 폼페이오(Mike Pompeo) 국무장관을 북한으로 보내 필요한 사항을 협의하도록 했다. 2018년 3월 31일 폼페이오 국무장관(당시 내정자)은 특사 자격으로 평양을 비공개 방문했고, 이때 북한의 비핵화 의지를 어느 정도 확인하면서 트럼프 대통령과 김정은 위원장의 '1대1 담판'을 제안했다고 한다(임민혁, 2018: A1). 그는 5월 8일 북한을 재방문해 미북 정상회담에 관한 사항을 추가로 협의했고, 그 과정에서 당시 북한에 억류되어 있던 한국계 미국인 3명을 송환시키기도 했다. 트럼프 대통령은 이들의 송환 직후 트위터를 통해 미북 정상회담이 6월 12일 싱가포르에 개최될 것이라고 발표했고, 이로써 싱가포르 회담이 성사됐다.

싱가포르 회담은 트럼프 대통령의 갑작스러운 취소로 반전을 겪기도 했다. 트럼프 대통령이 2018년 5월 24일 미북 정상회담을 취소하겠다는 내용의 서신을 김정은 위원장에게 보낸 것이다. 이의 직접적인 원인은 북한 외무성의 최선희 부상이 8월 24일 조선중앙통신을 통해 보도한 담화문으로서, 그녀는 "미국이 우리의 선의를 모독하고 계속 불법무도하게 나오는 경우 나는 조미(북미) 수뇌회담을 재고려할 데 대한 문제를 최고지도부에 제기할 것"이라고 밝혔다. 또한 최선희 부상은 마이크 펜스 미국 부통령에 대해 "아둔한 얼뜨기"라고 비난하기도 했다. 당시 볼튼 국가안보 보좌관과 펜스 부통령은 북한이 핵무기를 반출해야 하고, 그렇지 않을 경우 리비아와 같은 사태가 발생할 수 있다고 언급했다.

다만, 이 당시에도 미국이나 북한 모두 회담의 필요성에는 여전히 공감하고 있었다. 트럼프 대통령은 회담 취소를 발표하면서 북한에게 "이 가장 중요한 회담과 관련해 마음을 바꾸게 된다면 부디 주저 말고 내게 전화하거나 편지해달라"면서 여운을 남겼고, 이에 대해 5월 25일 북한은 김계관 제1부상 명의 담화에서 "우리는 항상 대범하고 열린 마음으로 미국 측에 시간과 기회를 줄 용의가 있다"고 밝혔으며, 따라서 다시 정상회담이 물밑에서 논의되기 시작했다. 이어서 북한은 김영철 노동당 부위원장 겸 통일전선부장을 미국으로 파견했고, 그는 6월 1일 백악관에서 트럼프 대통령을 만나 김정은 위원장의 친서를 전달했으며, 다음 날 트럼프 미국 대통령은 정상회담을 예정대로 개최하는 것으로 번복했다.

### 3) 회담의 개최와 합의

싱가포르 회담이 개최되기 전 미국과 북한은 판문점에서 비핵화에 관한 실무협의를 실시했고, 이러한 협의는 정상회담 개최 직전까지 싱가포르에서도 지속됐다. 미국 대표로 성 김 주(駐)필리핀 대사가 참가했고, 북한 측 대표로는 최선희 부상이 나섰는데, 이들은 비핵화의 시한, 비핵화를 위한 구체적인 실행조치, 검증에 관한 사항을 포괄적으로 논의했으나 결국 합의에 이르지 못했다. 결과적으로 싱가포르 정상회담 전에 미북 양측의 실무자들은 북한의 비핵화에 관한 어떤 사항도 합의하지 못한 것이다.

2018년 6월 12일 아침부터 시작된 싱가포르 회담은 단독회담과 확대정상회담, 오찬과 합의문 발표 등으로 진행됐는데, 시종일관 화기애애하게 진행됐다. 회담 후 미북 정상은 4개 항의 합의문을 발표했는데, 북핵의 폐기를 분명하게 못 박는 내용은 없었다. 합의문은 "① 미국과 북한은 평화와 번영을 위한 양국 국민의 바람에 따라 새로운 북미 관계를 수립할 것을 약속한다. ② 미국과 북한은 한반도에 항구적이고 안정적인 평화체제를 구축하기 위한 노력을 함께할 것이다. ③ 2018년 4월 27일 '판문점 선언'을 재확인하고 북한은 한반도의 완전한 비핵화를 위해 노력할 것을 약속한다. ④ 미국과 북한은 이미 신분이 밝혀진 포로 및 실종자 유해의 즉각적인 송환을 포함해 전쟁포로와 실종자의 유해 복구를 약속한다"는 4개항에 불과했다. 핵심 쟁점인 북핵 폐기에 관해서는 판문점 선언과 유사하게 "한반도의 완전한 비핵화를 위해 노력할 것을 약속"하는 수준에 그쳤다.

싱가포르 회담에서의 합의 사항은 실망스러웠지만, 트럼프 대통령은 회담 직후 단독으로 2시간 정도의 긴 기자회견을 가지면서 낙관적인 견해를 표명했다. 그는 "직접적 · 생산적인 회담이었다"면서 김정은 위원장을 "훌륭한 대화 상대"라고 칭찬했고, 북한의 핵무기 폐기를 의미하는 합의가 있었다고 방어하기도 했다. 그러면서 트럼프 대통령은 한미 양국 군의 연합훈련을 일방적으로 중단시켰고, 장기적으로는 주한미군이 철수할 필요가 있다고 언급하기도 했다. 그 내막을 정확하게 알 수는 없지만, 김정은과의 회담을 통해 트럼프 대통령은 북핵 폐기에 관해 상당한 기대를 갖게 된 것으로 보인다.

싱가포르 회담의 결과에 대해 한국의 주요 신문들은 중립적이거나 부정적으로 평가했다. 한겨레와 경향신문의 사설은 "두 손 잡은 김정은-트럼프, '거대한 변화'가 시작됐다"와 "김정은과 트럼프, 평화의 행진을 시작하다"로 기대를 표명하는 내용이었지만, 조선일보는 "어이없고 황당한 미 · 북 회담, 이대로 가면 북 핵보유국 된다", 중앙일보는 "너무 낮은 수준의 합의, 비핵화 갈 길이 멀다", 동아일보는 "한반도의 거대한 전환, 큰 걸음 떼고 더 큰 숙제 남겼다"고 언급했다. 학자들도 싱가포르 합의가 "기대와 달리 비핵화 합의문이 아니라, 양국 간 관계개선의 목표와 방향성을 설정한 포괄적, 정치적 선언문"이었고(전봉근, 2018: 16), 북핵 폐기에 관한 분명한 사항이 전혀 포함되어 있지 않을 뿐만 아니라 트럼프 대통령이 회담 이후에 한미연합훈련의 중단까지 선언함으로써 북한이 외교적으로 승리한 것이라고 평가했다(박광득, 2018: 55).

### 4) 합의 이후 추진 상황

기대에 비해서 싱가포르 회담의 합의문에 의미 있는 내용이 포함되어 있지 않자 일부 전문가들은 "별도로 묵시적으로 양해된 비핵화 조치가 계획되어 있다고도 볼 수 있다"고 추측하기도 했다(전봉근, 2018: 17). 이러한 추측은 폼페이오 장관이 북한을 방문해 후속조치를 협의할 것이라는 내용이 전달되자 더욱 강화됐다. 그러나 폼페이오 장관이 7월 6~7일 북한을 방문해 핵무기 폐기에 관한 협의를 요구하자 북한은 이에 전혀 응하지 않았을 뿐만 아니라 오히려 "깡패 같은 요구"라고 비난했다. 결국 싱가포르 미북 정상회담에서 북한의 실질적인 핵무기 폐기를 위해 합의한 사항은 전혀 없었다고 봐야 한다.

2018년 9월 18~20일간에 개최된 평양에서의 남북 정상회담을 통해 북한의 비핵화를 위한 일부 조치가 언급되기는 했다. 공동선언문에서 북한은 "동창리 엔진시험장과 미사일 발사대를 유관국 전문가들의 참관하에 우선 영구적으로 폐기"하고, "미국이 6 · 12 북미공동성명의 정신에 따라 상응조치를 취하면 영변 핵시설의 영구적 폐기와 같은 추가적인 조치를 계속 취해나갈 용의가 있음을 표명"했다. 그러나 이후에 북한이 이 약속을 이행한 것은 아니다. 아무리 긍정적으로 평가하고자 해도 싱가포르 회담에서 북핵 폐기와 관련해 의미 있는 합의를 도출하지는 못한 것으로 볼 수밖에 없다.

회담 이후 상당한 기간 동안 트럼프 대통령은 북핵 폐기에 대한 기대를 버리지 않은 것으로 보인다. 6월 하순까지도 트럼프 대통령은 싱가포르 회담이 "큰 성공(Great Success)"이었다면서, 이를 통해 대량살상전이 될 수밖에 없는 한반도에서의 전쟁을 예방했다고 주장하기도 했다. 다만, 시간이 경과하면서 트럼프 대통령이 북한과 김정은을 언급하는 횟수는 줄어들었고, 제2차 미북 정상회담도 계속 미뤄지다가 2019년 2월에 개최되는 것으로 마지못해 합의됐다. 결국 싱가포르 미북 정상회담은 북한과 그의 지도자인 김정은을 국제무대에 소개한 이벤트에 불과했고, 트럼프 대통령은 '협상의 달인'임을 입증하는 데 실패했다고 봐야 한다.

# 3
# 협상이론에 근거한 싱가포르 정상회담 분석

## 1) 협상의 성사와 목표 측면

당연한 사항이지만 협상은 쌍방이 필요하다고 인식해야 가능해지는데, 싱가포르 회담의 경우 미국과 북한 모두 협상의 필요성에는 공감했다고 봐야 한다. 북한은 '국가 핵무력 완성' 선언 이후 미국과의 관계를 정상화해 '핵 · 경제 병진정책'을 구현해야 하고, 미국은 경제제재는 시간이 걸리고 군사적 옵션은 위험성이 크기 때문에 대화를 통해 북한의 핵무기를 폐기하거나 최소한 ICBM 개발을 지체시킬 필요성이 있었다. 그래서 북한이 회담을 적극적으로 제안했고, 미국도 조건 없이 응했다. 한국의 중재 노력이 기여한 부분도 없지 않았다.

그러나 싱가포르 회담에 대한 목표는 미국과 북한이 상당히 달랐다고 봐야 한다. 북한은 2013년 2월 제3차 핵실험을 통해 핵무기 개발에 성공한 직후 핵무력 건설과 북한 경제발전을 함께 추구하는 '핵 · 경제 병진정책'을 정립한 상태였다. 판문점에서 남북 정상회담이 개최되기 1주일 전인 2018년 4월 20일 노동당 중앙위원회 전원회의에서도 핵보유 상태에서 군축을 지향한다는 입장이었다. 그러나 미국은 북한의 핵에 대해서는 전통적으로 "완전하고, 검증 가능하며, 돌이킬 수 없는 핵무기 폐기(CVID: Complete, Verifiable and Irreversible Dismantlement)"를 강조해왔고, 트럼프 대통령도 회담장에서 김정은에게 짧지만 자신이 직접 제작한 비디오를 보여주면서 핵무기 폐기 후 경제적 번영을 달성할 것을 권유했다. 따라서 미국과 북한은 핵무기 폐기와 핵무기 보유로서 완전히 다른 협상의 목표를 가졌고, 따라서 원초적으로 협상을 통한 문제의 해결이 어려웠다고 봐야 한다.

미국과 북한 간의 협상목표가 근본적으로 상이한 상태였음에도 싱가포르 회담이 성사된 것은 '비핵화'라는 단어의 이중성 때문이었다. 북한은 1990년대부터 '조선반도 비핵화'라는 용어를 사용해 왔는데, 이것은 핵우산을 포함한 미국의 핵위협을 제거한다는 의미였다(김진환, 2013: 106-108; 구본학, 2018: 30-31). 북한은 '한반도 비핵화' 또는 '비핵화'라는 애매한 용어를 의도적으로 사용함으로써 미국과 남한에게는 핵무기 폐기라는 뜻으로 이해하도록 방관하면서, 자신은 그러한 생각이 아니었다고 나중에 주장하려고 생각한 것으로 보인다. 실제로 북한은 2018년 12월 20일 조선중앙통신을 통해 자신들이 싱가포르 정상회담에서 합의한 것은 '조선반도 비핵화'였지 그들의 비핵화가 아니었다고 주장했다. 다만, 회담 전 미국 내에서도 일부 인사들이 비핵화에 대한 북미 간 개념차를 제기했듯이(이상민, 2018), 미국은 북한의 이러한 이중적 정의를 알면서도 한편으로는 반신반의하거나 다른 한편으로는 협상을 통해 북한의 비핵화로 의제를 몰아갈 수 있다고 판단해 회담에 응했을 수 있다.

상이한 목표 하에서도 미국과 북한의 지도자가 싱가포르에서 만난 데는 한국의 중재역할도 상당한 영향을 끼쳤다. 한국이 미국과 정상회담을 하고 싶어 하는 북한의 의도를 미국에게 전달해 수락을 받아주기도 했고, 4월 27일 판문점에서 남북 정상회담을 개최해 북한으로부터 '완전한 비핵화'라는 합의를 이끌어 냄으로써 미국에게 기대를 높였기 때문이다. 북한의 김정은이 문재인 대통령에게 1년 이내 비핵화하겠다고 약속했다는 사항이 전달됐으니 미국으로서는 북핵 폐기의 가능성이 작지 않은 것으로 평가하지 않을 수 없었을 것이다.

## 2) 협상의 유형 측면

개인의 생명을 대상으로 하는 어떤 논의에서 생명 자체보다 이해나 권리를 우선할 수 없듯이 국가안보가 위험해질 경우 이해나 권리 협상은 쉽지 않다. 개인의 생명과 국가안보는 다른 어떤 것으로도 대체할 수 없는 절대적인 요소이기 때문이다. 그래서 국가의 명운이 걸린 북핵 폐기를 둘러싼 협상은 실력기반 협상이 될 수밖에 없었고, 북한은 철저하게 그러했다고 할 수 있다. 트럼프 대통령이 경제적 번영의 미래를 약속했고, 전 세계가 북한의 용단을 바라는 분위기였지만 북한은 핵무기를 보유하겠다는 자신의 목표를 전혀 양보하지 않았다. 반면에 트럼프 대통령은 자신이 스스로 만든 비디오를 김정은에게 보여주면서 멸망과 번영의 두 개의 길 중에서 번영의 길을 선택하라고 권유했듯이 이해기반 해결이 가능하다고 판단한 것으로 보인다. 싱가포르 정상회담에서 트럼프 대통령이 제대로 된 합의를 얻어내지 못한 것은 실력기반 협상일 수밖에 없는 북핵 문제의 본질을 제대로 이해하지 못한 결과일 수 있다.

트럼프 대통령은 북한의 김정은도 자신의 국가를 발전시키고자 할 것이기 때문에 관료들은 반대할 수 있어도 김정은 자신은 경제적 번영을 대가로 핵무기를 폐기하겠다는 용단을 내릴 수 있는 것으로 판단한 것으로 보인다. 2018년 5월 24일 북한 최선희 외무성 부상의 모욕적 발언을 이유로 북미 정상회담을 취소하면서도 트럼프 대통령은 북한이 "평화와 번영의 기회"를 상실했다고 말했고, 6월 12일 회담 직전 싱가포르로 향하는 비행기에서도 트위터를 통해 "김정은 북한 국무위원장이 지금까지 이룬 적 없는 평화와 위대한 번영을 위해 무엇인가를 하려고 매우 열심히 일할 것을 안다"는 내용을 전송하기도 했다. 6·25전쟁에서 유엔군 수석대표로 북한과 휴전협정을 추진했던 조이(Charles Turner Joy) 제독은 "공산측이 진실로 알아듣는 논리는 오직 힘뿐이다"라고 회고했는데(Joy, 1955: 208), 트럼프는 이러한 공산주의 국가의 특성을 제대로 이해하지 못한 이해기반으로 접근했고, 따라서 성공하지 못했다.

이러한 미국의 이해기반 접근을 북한이 교묘하게 활용한 점도 발견된다. 김정은은 번영을 약속하는 미국에 대해 시종 동의하는 입장을 취했고, 싱가포르 회담 전야에 싱가포르의 식물원, 호텔 등을 둘러봄으로써 번영에 대한 그의 의욕을 간접적으로 과시하기도 했다. 이러한 행동들을 통해 북한은 트럼프 대통령이 더욱 이해기반으로 접근하도록 만들었고, 1 : 1 대화를 선호하도록 만들었으며, 이후에도 김정은과의 우호적인 관계를 유지하도록 유도했다. 그 결과 트럼프 대통령은 북한의 핵무기 폐기와 관련해 의미 있는 합의내용이 없었는데도 불구하고 합의서에 서명했고, 2시간 정도의 기자회견을 통해 자신의 낙관적인 전망을 피력하기도 했던 것이다.

### 3) 협상의 전략 측면

국가안보는 타협의 소지가 많지 않기 때문에 강성입장 협상, 연성입장 협상, 원칙입장 협상의 전략 중에서 강성입장이 기본이 되어야 할 당위성이 높다. 국가마다 대규모 군대를 보유하고, 첨단의 무기와 장비를 증강하면서, 상시 전투력 발휘태세를 과시하는 이유가 다른 국가와 어떤 협상을 하게 될 때 강성입장 협상의 전략을 사용할 수 있도록 지원하기 위한 것이다. 수십 년에 걸쳐서 핵무기를 개발해 왔고, 선대의 유훈으로 생각해 유지 및 강화시키겠다고 결심한 북한에게 그 핵무기 폐기를 주제로 협상하면서 연성입장이나 원칙입장의 협상전략이 효과를 발휘할 것으로 기대하기는 어렵다. 1994년 미국과 북한 간의 '제네바 합의'와 2015년 '9 · 19 공동선언'이 결국 실패한 것은 미국이나 6자회담국들이 강성입장 협상전략을 선택했을 때는 북한이 일부 양보하다가 그렇기 않으면 바로 양보하지 않거나 시간이 지나 이쪽이 해이해지면 합의사항 자체를 준수하지 않는다는 것을 체감해 적용하지 못했기 때문이다.

싱가포르 회담을 결정하기 직전까지는 트럼프 대통령이 강성입장을 보유하고 있었고, 이것이 어느 정도 효과를 발휘했다. 그는 이전 오바마(Barack Obama) 행정부가 '전략적 인내(Strategic Patience)'라는 핑계로 연성입장을 선택한 것을 비판하면서 취임 전후부터 '최대 압박과 관여(Maximum Pressure and Engagement)'라는 슬로건을 제시했고, 선제타격을 포함한 군사적 옵션의 사용 가능성을 수시로 암시했다. 미국은 북한에게 CVID를 수용할 것을 요구했고, 3월 8일 미북 정상회담을 수락한 직후에도 북한에게 시간을 벌어주는 협상은 하지 않을 것이라면서 압박을 늦추지 않았다(송수경, 2018). 트럼프 대통령은 협상의 결과가 없을 경우 회담장을 걸어 나오겠다는 점을 수차례 미국민들에게 표명하기도 했고(한중규, 2018: 2), 2018년 5월 25일에는 최선희 등 북측 인사의 발언을 문제 삼아 정상회담을 일방적으로 취소하기도 했다.

그러나 북한 김정은 위원장의 유화적인 친서를 받은 다음 정상회담을 추진하기로 번복한 이후 트럼프 대통령은 연성입장으로 선회하는 모습을 보였다. CVID를 강조하지 않은 채 비핵화에 관한 협의를 실무진들이 협의하도록 위임했고, 북한이 CVID를 수용하기는커녕 핵무기 폐기에 관한 어떤 구체적인 양보도 제시하지 않았지만 트럼프 대통령은 말한 바와 다르게 회담장을 지켰으며, 합의문에 서명까지 완료했다. 정상회담의 이전과 동안은 물론이고, 정상회담이 종료된 이후에도 김정은에 대해 친밀한 관계를 강조했다.

북한의 협상전략은 미국과 정반대의 변화를 보였다. 2017년에 북한이 핵실험과 미사일 시험발사를 집중적으로 실시함에 따라 미국이 군사적 옵션까지 거론하면서 강성입장을 견지했을 때 북한은 비핵화 용의 표명, 남북 정상회담을 포함하는 남북관계 개선, 미북 정상회담 제안 등으로 연성입장으로 선회하는 유연성을 보였다. 미북 정상회담이 결정되자 최선희 부상을 비롯한 북한 관리들을 통해 다소 강경한 입장을 표현하다가 그것이 회담 취소라는 미국의 강성입장을 야기하자 바로 유연한 언사를 사용하면서 친서를 보내는 등 연성입장으로 전환해 정상회담을 성사시켰다. 그러다가 회담이 재개되자 북한은 다시 강성입장으로 전환해 비핵화에 대한 미국의 요구를 수용하지 않았고, 대신에 자신이 요구하는 미북 관계개선, 평화체제 구축을 관철했다. 북한은 미국이 강성입장을 선택하면 연성입장을 선택함으로써 파국을 막고, 미국이 연성입장을 선택하면 강성입장으로 돌변함으로서 그들이 바라는 사항을 관철하는 모습을 보였다. 이것은 공산주의 협상의 전형적인 전략이기도 하다.

싱가포르 회담을 볼 때 회담 취소의 번복이나 회담에서의 협의 과정에서 미국은 북한의 아무런 양보도 받지 않은 채 지나치게 조기에 연성입장으로 전환했고, 그것이 회담에서 비핵화에 관한 의미 있는 아무런 합의도 이룩하지 못한 결과를 초래했다. 비록 나중에는 준수하지 않았지만, 2005년 6자회담 관련 국가들이 압박했을 때 당시 북한은 '모든 핵무기와 현존하는 핵계획들을 포기'한다고 분명하게 약속한 적이 있다. 이와 비교해 볼 때 싱가포르 회담에서 '한반도의 완전한 비핵화를 위해 노력할 것을 약속한다'에 그친 합의는 너무나 미약한 것이다.

### 4) 최상대안 측면

싱가포르 미북 정상회담이 결정되는 전후에 미국은 최상대안을 확실히 보유하고 있었는데, 그것은 북한의 핵시설을 선제타격으로 파괴시키는 방안을 의미하는 소위 '군사적 옵션'이었다. 미국은 이러한 군사적 옵션의 가능성을 계속 시사했을 뿐만 아니라 필요한 전력들을 한반도에 전개해 훈련하기까지 했다. 트럼프 대통령이 2018년 5월 24일 미북 정상회담을 기습적으로 취소시키자 미국의 전문가들은 군사적 옵션의 사용 가능성을 전망하기도 했다(정철순, 2018: 4). 미국이 군사적 옵션을 결정할 경우 북한 정권이 종말을 맞을 수도 있다는 점에서 북한은 이를 심각하게 고려하지 않을 수 없었고, 그래서 미국과의 회담을 성사시키는 데 총력을 기울였다고 볼 수 있다.

그러나 2018년 6월 1일 싱가포르 회담이 개최되는 것으로 다시 결정된 이후부터 회담이 종료될 때까지 미국은 최상대안으로 군사적 옵션을 더 이상 거론하지 않았다. 트럼프 대통령은 싱가포르 회담 직후 기자회견에서 북한의 약속 불이행 시에도 2천 800만 명의 서울 인구를 고려할 때 군사적 옵션은 위험하다고 설명하기도 했다(특별취재단, 2018). 미국이 최상대안을 배제하자 북한은 당연히 버틸 수 있다고 생각했고, 결과적으로 비핵화에 대한 구체적인 약속을 명시하지 않은 채 회담을 마칠 수 있었다. 조이 제독이 경고한 바와 같이 북한과의 협상에서는 양보하지 않으면 군사력으로 심각하면서도 즉각적인 피해를 입을 것이라는 점을 보여야 하는데(Joy, 1955: 218), 그렇게 하지 못한 것이다.

미국은 군사적 옵션 이외에 경제제재라는 최상대안이 언제나 가용한 상태라고 생각했을 수 있다. 그러나 자력갱생의 스타일로 오랫동안 어려움을 견뎌왔고, 주민들의 생활고를 개의하지 않는 북한정권에게 경제제재는 대안 중의 하나일 수는 있지만 최상대안이 되기는 어렵다. 1993년 북한의 핵확산금지조약(NPT) 탈퇴 선언 이후부터 지금까지 계속 경제제재의 강도를 높여왔지만, 북한은 지금까지 견디고 있다. 유엔의 경제제재로 북한의 경제사정이 무척 좋지 않고, 북한 사회의 불안정 요소도 가끔 보도되기는 하지만, 북한 내부가 심각하게 동요하고 있다는 증거는 아직 없다. 중국과 러시아가 다양한 방법으로 북한을 지원하고 있고, 주민들의 경제생활 수준이 열악해지는 것은 별로 고려하지 않는 북한 지도자들에게 경제제재가 효과를 발휘하려면 상당한 시간이 더 지나야 할 수 있다.

반면에 북한은 미북 정상회담을 추진 또는 준비하면서 최상대안을 새롭게 준비했는데, 그것은 바로 중국과의 관계 강화였다. 북한의 핵무기 개발 이후 서먹서먹했던 북한과 중국의 관계를 북한이 주도해 우호적 관계로 환원시킨 것이다. 북한이 미국과 동등한 입장에서 싱가포르 회담에 임할 수 있었던 것도 중국이라는 막강한 지원자가 존재했기 때문이라는 평가도 있다(박광득, 2018: 61). 북한의 김정은은 미북 정상회담이 결정되자마자 2018년 3월 25~28일 중국을 방문해 시진핑 주석과 회담했고, 5월 7~8일에도 중국 다롄(大連)에서 시진핑 주석을 만나서 미북 대화에 대한 양국의 전략을 협의했다. 김정은이 시진핑 주석을 만나고 난 후 비핵화에 대한 태도가 달라졌다고 트럼프 대통령이 불평했듯이(노석철, 2018: 04), 중국의 등장이 미국으로 하여금 협상장을 쉽게 나가지 못하도록 만들었을 수 있다. 김정은은 싱가포르 회담이 종료된 직후인 6월 19~20일에도 중국을 방문해 미북 정상회담 이후 양국의 대응방향을 협의하기도 했다. 싱가포르 회담 후 한국의 전문가 중 미국이 북한과 중국의 밀착을 허용할 수 없어서 불만족스럽지만 합의를 수용하는 방향으로 결정했다고 분석한 사람도 있었다(이춘근, 2018: 246-255).

## 5) 시간의 측면

시간에 관한 유·불리는 북핵 위협의 심각성 판단 여부에 따라서 달라질 것인데, 이번 회담에서 시간적 요소는 미국에게 불리한 상황이었다. 미국은 북한이 수개월 내에 미 본토를 공격할 수 있는 ICBM을 완성할 수 있다고 평가해 이를 시급하게 차단해야 할 필요성을 인식하고 있었기 때문이다. 북한이 경제제재의 조속한 해제를 중요하게 생각했다면 시간에 쫓겼을 수 있지만, 북한은 그렇지 않았고, 협상이 지연되더라도 핵무기 제조와 ICBM의 성능 개량은 지속할 수 있었다. 더군다나 중간선거나 재선을 걱정해야 하는 트럼프와 달리 김정은은 종신 지도자였고, 따라서 급할 필요가 없었다.

2018년 5월 24일 미국의 트럼프 대통령이 싱가포르 정상회담을 취소하자 북한은 그다음 날 바로 유화적인 성명을 발표하고, 김영철 노동당 부위원장을 파견해 김정은 위원장의 친서를 전달함으로써 회담 재개를 성공시켰듯이 미북 정상회담 여부가 불확실할 때는 북한이 서두르고, 미국이 여유 있는 상황을 보였다. 그러나 회담이 결정된 이후부터는 상황이 반전되어 미국이 합의를 서두르고, 북한이 버티는 형국이 됐으며, 결과적으로 미국은 협상에서 가장 금기시되는 사항, 즉 결렬을 선택하지 못하는 상황이 되어 미흡한 합의임에도 서명하게 된 것이다. 그 결과로 미국은 북한의 비핵화를 회담 이전보다 더욱 어려운 상황으로 만든 채 회담을 종료하고 말았다.

### 6) 종합

2018년 6월 12일 개최된 싱가포르 회담을 협상이론 차원에서 분석해볼 때, 어떤 우여곡절을 겪더라도 결국 북한이 핵무기를 폐기하게 될 경우 이번 회담은 미국과 북한이 서로를 신뢰하는 가운데 평화적인 방법으로 북한의 핵무기 폐기의 방향에 합의한 중요한 회담으로서 의의를 인정받게 될 것이다. 이러한 점에서 하나의 회담 자체만으로 성공과 실패를 판단하는 것은 타당하지 않을 수 있다. 다만, 그렇게 되면 아주 오랜 시간이 경과된 이후가 아니면 싱가포르 회담의 성과를 평가할 수 없다는 말이 된다. 따라서 이번 평가는 북한의 핵무기 폐기 전반이 아니라 싱가포르 회담 자체에만 국한해 그것이 협상이론을 어느 정도 반영했는지를 평가하는 것이고, 이런 점에서 볼 때 '완전한 비핵화'라는 말 이외에 북한의 핵무기 폐기에 관한 어떤 약속이나 로드맵에도 합의하지 못했다는 점에서 싱가포르 미북 정상회담은 일단 성공적이지 못한 것으로 평가하지 않을 수 없다.

협상이론의 시각에서 볼 때 싱가포르 미북 정상회담에서 미국이 실수한 부분이 적지 않다. 우선, 미국과 북한의 목표가 북핵 폐기와 핵무기 보유로 상반되어 협상이 개최되기 어려운 상황임에도 성급하게 회담에 임했고, '비핵화'가 이중적인 의미를 지니고 있다는 것을 알면서도 '북한의 비핵화'로 유도할 수 있을 것으로 안일하게 인식한 점이 있다. 또한 트럼프 대통령이 직접 비디오를 만들어 회담 도중 김정은에게 보이면서 북한이 핵무기만 폐기하면 경제적 번영을 보장받을 수 있다는 점을 중점적으로 설득했듯이 핵무기 폐기와 같은 중차대한 일을 이해기반으로 접근해 성공할 수 있다고 생각한 것 자체가 오산이었다. 북한은 싱가포르 회담 이전과 이후에도 경제원조의 규모나 내용에 대해서는 전혀 의견을 제시하지 않았다. 또한 협상전략 측면에서도 미국은 2017년부터 채택해온 강성입장 전략을 성급하게 연성입장 전략으로 전환함으로서 북한에게 강성입장 전략을 선택할 수 있는 여지를 부여했고, 결과적으로 북한에게 협상의 주도권을 넘겨주고 말았다.

이렇게 볼 때 2018년 6월 12일 개최된 싱가포르 회담의 경우 미국은 협상이론에서 중요하다고 강조하는 사항은 거의 적용하지 않은 채 자칭 협상의 달인이라는 트럼프 대통령의 직관에 근거해 협상을 진행했고, 그리고 성공하지 못했다. 싱가포르 미북 정상회담은 김정은을 중심으로 하는 북한의 집단지성과 트럼프 대통령의 대결이 됐고, 결국 북한의 집단지성이 승리한 셈이다. 2018년 7월 5일 트럼프 대통령이 몬태나 주에서의 연설에서 싱가포르 회담을 하지 않았다면 전쟁이 일어나 3,000만 명에서 5,000만 명이 사망했을 수도 있었다고 주장했듯이, 트럼프 대통령은 북한의 핵공격에 대한 위험 때문에 협상이론을 따를 수 있는 상황이 아니었다고 판단했을 수도 있지만, 협상이론 측면에서 싱가포르 회담은 잘못된 사례로 평가하지 않을 수 없다.

북한의 실제 자료를 접할 수 없어 북한이 실제 어떤 목표와 전략으로 싱가포르 회담에 임했는지를 알 수는 없다. 그러나 세계 최강의 미국과 상대하면서 판문점에서 문재인 대통령에게 약속한 "완전한 비핵화"라는 말로 회담을 마칠 수 있었다고 한다면 싱가포르 회담 자체는 북한이 성공한 것이라고 할 수 있다. 조이 제독의 회고록에서도 알 수 있듯이 공산주의 국가는 국가 자체에서 최선의 협상전략을 정립해 교리화하고 있다고 생각할 정도로 협상에는 철저하고, 유능한 것으로 봐야 한다. 이번 싱가포르 회담에서도 북한은 협상이론에 부합되도록 협상을 준비하고 실시한 것으로 평가될 수 있다. 수소폭탄과 ICBM을 개발해 강력한 수단을 먼저 확보한 다음에 미국과의 협상을 추진함으로써 실력기반 협상을 보장했고, 회담 직전까지는 연성입장 전략을 유지하다가 회담부터는 강성입장 전략으로 전환했으며, 결렬 시에는 중국과의 관계를 강화하겠다는 최상대안을 과시함으로써 비핵화에 대한 로드맵을 제시하지 않은 채 회담을 종료할 수 있었다. 회담의 성사를 위해서는 서둘렀으나 정작 회담에서는 느긋하게 협상함으로써 자신의 조건을 끈질기게 고수했다.

# 4 결론

국제적인 회담의 성과에 대한 평가는 시각에 따라서 또는 이후 상황 전개에 따라서 달라지지만, 2018년 6월 12일 싱가포르에서 개최된 미북 정상회담에서 미국이 북한의 핵무기 폐기에 관한 구체적인 합의를 얻어내지 못한 것은 분명하다. 싱가포르 회담에서 미국이 보인 협상활동을 협상이론에 적용해 봐도 부합되지 않는 부분이 많다. 원래부터 북한이 핵무기를 폐기할 의향이 없어서 싱가포르 회담은 애초부터 성과가 있기가 어려웠지만 미국이 이론에 부합되지 않는 방향으로 협상을 진행함으로서 가능했던 것보다 훨씬 미흡한 결과를 얻었을 가능성도 배제할 수는 없다.

아직 학문적 수준이 공고해진 상태는 아니더라도 협상이론에서 밝히고 있는 바를 준수하는 것은 성공적인 협상의 결과를 도출하는데 중요하다는 점을 인식할 필요가 있다. 앞으로 한국이 북한과 협상을 해야 한다면, 협상을 하기 전이나 계속하는 도중에 협상이론에서 제시하고 있는 바를 참고해 이에 부합되도록 협상을 진행하고 있는 지를 점검하면서 미흡한 부분이 있을 경우 수정해 나갈 필요가 있다. 싱가포르 미북 정상회담의 경우 트럼프 대통령이 기업 간의 협상에서 성공한 경험에 도취해 협상의 기본을 무시한 점이 있고, 따라서 협상 이전에 조성됐던 유리한 환경을 제대로 활용하지 못했다. 북한의 비핵화가 아니더라도 한국이 북한과 다양한 사항을 협상해나갈 때 협상이론에 근거해 협상의 목표, 전략, 방법을 수립해 적용한다면 훨씬 좋은 결과를 얻을 것이다.

북한의 경우 협상전략과 기술이 고도화되어 있다는 점을 냉정하게 인정해야 한다. 싱가포르 회담에서도 드러난 사항이지만, 북한이야말로 협상의 달인이라고 할 정도로 완벽한 전략과 술책을 사용했다. 더욱 무서운 것은 그것이 북한에게는 당연한 사항으로 정립 및 체질화되어 있다는 사실이다. 자신이 불리할 때는 유연한 태도를 보이지만 막상 협상에 들어가면 실력에 근거한 협상을 사용하고, 강성입장 협상을 기본으로 하면서도 상황에 따라 연성입장과 원칙입장을 유연하게 결합하며, 끊임없이 최상대안을 개발하고, 시간에 쫓기지 않으려고 노력한다. 한국이 협상이론 측면에서 기본을 충실하게 준수하지 않을 경우 북한과의 협상에서 심각한 손해를 볼 가능성이 크다. 북한의 협상전략과 전술을 철저하게 연구해 그 강점에 대비하고 약점은 발견해 공략하는 데도 노력해야 하는 것은 당연하다.

북한과 같은 공산주의 국가와의 협상을 위해서는 강성입장 협상을 지속적으로 유지해야 한다는 점을 인정하지 않을 수 없다. 상대방을 불필요하게 자극하거나 협상 자체를 무산시키지 않도록 적절하게 통제해야 하겠지만, 기본적으로는 강성입장 전략을 유지하는 가운데 연성입장 전략을 일부 가미하는 형태여야 한다. 조이 제독은 6 · 25

전쟁의 휴전협상 과정을 기술한 서적의 끝부분에서 "우리가 협상할 때에 단지 힘을 배경으로만 해서는 안 된다, 힘을 사용해야 한다."라고 강조할 정도로 공산주의자와의 협상에 있어서 힘의 요소를 중요시하고 있다. 자유민주의 국가의 정부와 국민의 대부분은 연성입장이나 원칙입장을 선호하지만, 그 형태로 협상이 진행되도록 하려면 필요시에 강성입장으로 전환할 수 있어야 하고, 이것을 상대방에게 깨닫도록 해야 제대로 된 협상이 가능할 것이다.

# 제4장
# 하노이 미북 정상회담

미국은 싱가포르 정상회담에서 낭만적으로 접근해 북한의 핵무기 폐기에 관한 아무런 합의도 얻어내지 못함에 따라 추가적인 정상회담의 필요성은 인정하면서도 유사한 실패의 반복이 두려워 선뜻 추진하지 못하는 분위기였다. 싱가포르 회담을 통해 북한이 전혀 변하지 않았고, 핵무기를 폐기하지 않으려고 한다는 것을 체득했기 때문이다. 그럼에도 불구하고 외교적 노력을 통해 북한의 핵무기를 폐기할 수 있다면 너무나 좋은 일이기에 미련을 버릴 수 없었다. 따라서 북한을 경계하는 가운데 충분한 협상 준비를 갖추게 됐고, 그러한 상황에서 제2차 미북 정상회담을 결정했다.

하노이에서의 두 번째 미북 정상회담은 합의에 이르지 못한 채 중간에 결렬됐지만 협상이론 차원에서는 분석해볼 여지가 적지 않다. 미국도 북한에 대한 냉정한 이해를 바탕으로 협상에 임했기 때문이다. 트럼프 대통령이 회담을 도중에 중단함으로써 협상은 결렬됐지만, 이것 자체도 협상이론 측면에서는 의미가 없지 않다. 따라서 하노이 회담에 대해서는 협상이론의 더욱 세부적인 사항을 적용해 분석해보고자 한다.

# 1
# 협상에서의 결렬에 대한 이론

## 1) 협상과 최종게임

협상은 객관적으로 보면 갈등의 주제를 갖고 있는 둘 이상의 사람이나 집단이 그의 해결을 위해 상호작용하는 과정이지만, 협상의 어느 당사자 입장에서 보면 내가 설정했거나 수용 가능한 목표에 상대방이 동의하도록 설득하는 과정이다. 그래서 당사자의 입장에서 협상의 성공 여부는 타결 여부보다는 자신이 상대방보다 유리한 결과를 달성했느냐에 의해 판단된다.

어느 한 당사자의 입장에서 보면 협상에서 가장 중요한 것은 자신이 달성하고자 하는 최종게임(Endgame)이 무엇이냐는 것이다(윤홍근 · 박상현, 2010: 31-34). 이것은 협상이 종료됐을 때의 모양으로서, 전체 또는 개별 협상의 목표라고 할 수 있다. '최종게임'이라는 별도의 용어에는 상황의 긴박성이 포함되어 있고, 협상의 상황에 부합되도록 목표를 더욱 구체화했다는 의미가 있으며, 더욱 강한 달성의 의지가 포함되어 있다고 할 것이다. 협상에서는 이것이 분명하게 설정되어야 그의 달성을 위한 전략을 개발해 이행하게 되고, 협상 결과에 대한 평가도 가능해진다. 서로의 최종게임이 유사할 경우 협상이 타결될 가능성이 높지만, 반대로 격차가 크면 협상이 결렬될 가능성이 높아진다. 서로의 최종게임을 정확하게 파악해 적절하게 대처하는 것도 협상에서는 매우 중요하다.

제3장에서 설명했듯이 협상전략에는 기본적으로는 강성입장 협상, 연성입장 협상, 원칙입장 협상의 전략으로 구분되지만, 핵무기 폐기와 같이 중차대한 사항은 기본적으로 강성입장 협상이 되어야 할 당위성이 크다. 대화와 타협으로 설득하기가 어려워 강압(coercion) 또는 강요(compellence)를 사용해야 할 것이기 때문이다. 국제정치학에서 강압은 "상대방의 대안범위를 축소시키고 그 대안들에 대한 상대방의 비용과 이익 평가에 영향을 주기 위해 힘이나 힘의 위협을 사용해 상대방의 행동에 영향을 주기 위한 시도"로서 폭넓은 개념이다(Schaub, 2004: 390). 강압을 더욱 세부적으로 구분해 상대방이 하고 싶은 것을 하지 못하도록 하는 것은 '억제'라고 하고, 하지 않으려는 상대방을 하도록 하는 것을 '강요'라고 설명하기도 한다. 전쟁에 관해서는 상대방을 억제하는 측면이 중요하지만, 협상에서는 주로 "상대방이 호응하지 않을 경우 힘의 위협이나 사용으로서 상대방이 특정한 행동을 조치하도록 요구"하는 강요가 적용되게 된다(Schaub, 2004: 390).

쌍방이 적용하는 의사결정의 방식도 협상의 결과에 영향을 미칠 수 있다. 상식화됐을 정도로 일반적인 사항이지만 의사결정방식은 하향식(Top-Down)과 상향식(Bottom-Up)의 방식으로 나눠볼 수 있는데, 전자는 각각의 조직을 대표하는 최고 책임자들이 기본적인 사항에 합의한 후 세부적인 요소만 실무자들에게 처리하도록 하는 방식이고, 후자는 실무자들이 세부적인 사항들까지 충분히 협의해 결정한 것을 최고책임자들이 나중에 승인하는 형태이다. 전자의 경우에는 단기간에 문제 해결이 가능하지만 세부적인 사항을 제대로 검토하지 못해서 시행과정에서 문제가 발생할 수 있고, 후자의 경우에는 치밀하게 협의함으로써 합의 후 문제가 적지만 그 합의에 이르기까지 시간이 많이 걸릴 뿐만 아니라 사소한 의견 차이가 전체 협상의 타결을 어렵게 만들 수도 있다. 당연히 현실의 협상에서는 이 둘이 혼용되고, 대부분의 경우 어느 방식에 더욱 많은 비중을 두느냐의 차이로 봐야 한다.

## 2) 협상의 전술

'전쟁원칙(Principles of War)'에서 알 수 있듯이 전쟁과 관련해서도 승리를 보장하는 핵심요소를 찾고자 노력하고 있듯이, 협상에서도 성공적인 결과를 획득할 수 있는 나름대로의 비결이 활발하게 토의되어 왔다. 이것은 '협상전술'이라고도 할 수 있을 것인데, 미국의 트럼프 대통령도 『협상의 기술』(*The Art of the Deal*)이라는 책을 출판하면서 11가지의 전술을 제시한 바 있다. 한국에서도 각자의 협상 경험을 바탕으로 나름대로의 협상전술을 소개하고 있다.

협상에서 또 한 가지 중요한 사항은 협상에서 합의가 되지 않을 경우 언제까지 지속할 것이냐이다. 불리한 협상을 지속할 경우 불이익이 지속적으로 늘어날 수 있기 때문이다. 결렬(No Deal)보다 잘못된 타결(Poor Deal)이 더욱 나쁘다거나(안세영, 2003: 41), "어설픈 합의보다 결렬이 낫다"라고 표현되고 있듯이(이태석, 2016: 73-74) 결렬이 반드시 잘못된 것은 아니다. 결렬시키지 않고자 합의 도출에 집착할 경우 협상자는 시간에 쫓길 수밖에 없고, 따라서 협상에서 적정한 수준보다 더욱 많이 양보해버릴 가능성이 커진다(안세영, 2003: 30-31). 협상이 결렬되더라도 다른 기회가 있을 수 있고, 결렬의 행위 자체가 상대방의 태도 변화를 강요함으로써 다음 협상을 유리하게 만들 수 있다. 상대가 적게 주고 많이 받으려고 하거나, 상대방을 신뢰할 수 없거나, 단기적으로는 이익이지만 장기적으로는 상당한 손해가 예상될 때는 협상을 중간에 그만둘 수 있어야 하고, 그렇게 할 수 있어야 진정한 협상가라고 할 수 있다(이태석, 2016: 73-74).

이러한 점에서 협상이론에서는 협상을 결렬시켜야만 하는 조건, 즉 '하한선(Bottom Line)' 또는 '저항점(Resistance Point)'을 사전에 설정해둘 것을 강조하고 있다(윤홍근 · 박상현, 2010: 153). '유보점(Resistance Point)' 또는 '걸어 나오는 점(Walkaway Point)'이라고도 한다. 이것은 그 이하로는 양보할 수 없다는 수준 또는 내가 수용할 수 있는 최악의 조건을 말한다. 이것이 분명할 경우 상대방의 압력이나 유혹에 흔들리지 않을 수 있고, 그것 이하로는 합의하지 않을 것이라서 불리한 합의를 할 위험은 줄어든다(Fisher, et al., 2011: 12). 서로의 하한선이 가까워야 '거래구역(Bargain Zone)' 또는 '합의가능 구역(Zone of Possible Agreement)'이 생겨서 최종적인 타결이 가능할 것이다(Korobkin, 2009: 8; Alfredson and Cungu, 2008: 8). 하한선은 통상적으로는 상대방에게 알려주지 않지만, 상대방으로 하여금 타협 가능성이 높은 방안을 제안하고자 할 경우 공개할 수도 있다. 당연히 하한선에서 먼 지점에서부터 협상을 시작해 조금씩 양보하면서 협상함으로써 여유를 가지는 것이 유리하다.

협상에서는 서로가 상대방의 양보를 강요하기 위해 다양한 세부적인 전술 또는 기법을 사용하게 된다. 여기에는 인간 사회 또는 국제사회에서 사용되는 모든 형태의 전술과 기법이 동원될 것인데, 정직한 내용보다는 위협, 벼랑 끝 전술, 조건 없는 제안, 미끼 사용, 지연작전, 허위권한, 악역과 선역의 배합, 전략적 침묵 등의 계략이 많이 사용된다(안세영, 2003: 131-150). 이 중에서 불리한 협상자가 주로 사용하는 것이 '벼랑 끝 전술(Brinkmanship)'인데, 이것은 쌍방을 공통의 위험에 노출시켜 더욱 불안한 상대방이 양보하도록 만드는 계략으로서 함께 절벽으로 떨어지자는 극단적 요구로 상대방의 양보를 강요하는 방식이다(Shelling, 1960: 200). 이 벼랑 끝 전술은 냉전시대 공산주의 국가들이 자주 사용해왔고, 최근에도 북한 등이 가끔 사용하곤 한다.

# 2
# 하노이 미북 정상회담의 배경과 경과

## 1) 하노이 정상회담의 성사

2018년 4월 27일 판문점 남북정상회담에서 '완전한 비핵화'에 합의한 후 그 후속 조치를 협의하기 위해 폼페이오(Mike Pompeo) 미 국무장관이 평양을 방문했다. 그러나 그는 김정은도 만나지 못했을 뿐만 아니라 비핵화의 구현에 관한 협의는커녕 종전선언을 조기에 체결하라는 북한의 요구만 받았고, 결국 싱가포르 회담의 합의는 구현단계로 진입하지 못했다. 결국 미국은 2018년 8월 23일 스티븐 비건(Steven Biegun)을 대북정책 특별대표로 임명해 차분한 실무협의를 선행하기로 했고, 트럼프 대통령은 2018년 8월 27일로 예정됐던 폼페이오 장관의 재방북을 3일 전에 취소하기도 했다. 다만, 한국의 문재인 대통령이 9월 18~20일 평양을 방문해 제3차 남북정상회담을 가진 후 발표한 합의문에서 "미국이 6 · 12 북미 공동성명의 정신에 따라 상응조치를 취하면 영변 핵시설의 영구적 폐기와 같은 추가적인 조치를 계속 취해나갈 용의가 있음을 표명"함으로써 협상의 불씨가 다소 보이기는 했다.

제2차 미북 정상회담의 필요성은 북한 김정은 위원장의 2019년 신년사를 통해 피력됐다. "새로운 길"을 모색하겠다는 위협도 없지 않았지만, 김정은은 비핵화의 의지가 확고함을 재천명하면서 서로가 올바른 협상자세를 갖는다면 "반드시 서로에게 유익한 종착점에 가닿게 될 것"이고, "언제든 또다시 미국대통령과 마주앉을 준비가 되어 있으며 반드시 국제사회가 환영하는 결과를 만들기 위해 노력할 것입니다"라고 언급했다.

김정은 위원장의 신년사에 대해 트럼프 대통령이 긍정적으로 평가함으로써 제2차 미북 정상회담의 분위기는 고조됐다. 트럼프 대통령은 김정은 위원장의 신년사 내용 중에서 핵무기의 개발 · 시험 · 이전을 하지 않겠다는 내용과 미국과 만날 준비가 되어있다는 내용을 소개하면서 김정은 위원장과의 만남을 고대한다는 트위트를 공개했다. 그러자 북한의 김영철 통일전선부장을 단장으로 하는 북한의 고위급 협상팀이 미국에 도착해 트럼프 대통령을 방문했고, 김정은 위원장의 친서를 받은 후 백악관은 미북 정상회담의 2월 말 개최를 발표했다. 트럼프 대통령은 새해 국정연설의 기회를 통해 2019년 2월 27~28일 베트남에서 2차 미북 정상회담을 개최한다는 내용을 최종적으로 확인했다.

정상회담의 준비 차원에서 2019년 2월 6~8일 미국의 비건 대표가 평양을 방문했지만 충분한 합의를 도출하지 못하자 실무협의는 2월 21일부터 5일간에 걸쳐서 하노이에서 재개됐다. 그러나 이를 통해서도 합의안을 도출하지 못했고, 따라서 하노이 회담 역시 실무선에서 상호 합의된 내용이 없이 시작됐다.

## 2) 하노이 정상회담과 결렬

하노이 정상회담은 2019년 2월 27의 만찬에 이어서 28일에 본격적으로 실시됐는데, 27일 두 정상은 저녁 8시 30분에 만나서 40분간 단독회담을 가진 후 만찬을 함께 했다. 단독회담 시작 전 트럼프 대통령은 회담의 성공을 자신하면서 북한의 경제적 잠재력을 부각시켰고, 김정은 위원장은 "모든 사람들이 반기는 훌륭한 결과가 만들어질 거라고 확신하고 그렇게 만들기 위해서 최선을 다하겠다"라고 말했다. 그러나 만찬에서 두 사람은 핵심 쟁점인 비핵화와 상응 조치에 대해 의견을 교환했지만 합의점을 찾지 못했다. 미국은 영변 핵시설에 대한 전반적 검증 · 폐기만 허용하면 된다는 수준까지 조건을 낮추었으나 북한은 스스로에 의한 영변 핵시설의 폐기를 고수했다고 한다(황준범 · 김지은 · 노지원, 2019: 1).

28일 오전 9시 트럼프 대통령과 김정은 위원장은 35분 정도 단독 회담을 실시했고, 회담장인 호텔 정원을 통역 없이 함께 산책하기도 했다. "비핵화 준비가 됐느냐"라는 기자의 질문에 김정은 위원장은 "그런 의지가 없다면 여기 오지 않았을 것"이라고 말하기도 했다. 그러나 오전 11시 55분까지로 예정된 회담은 1시간을 이상 지체됐고, 결국 합의문 채택에 실패하면서 예정되어 있던 오찬도 함께하지 못한 채 결렬됐다. 트럼프 대통령은 북한이 영변 핵시설의 폐기만을 조건으로 대북 제재의 전면 해제를 요구해 결렬할 수밖에 없었다고 설명했고, 추가로 발견한 우라늄 농축시설을 미국이 제시하자 북한이 당황했다는 설명도 추가했다.

이례적으로 북한은 트럼프 대통령의 설명을 반박하는 기자회견을 열었다. 이수용 북한 외무상은 제재 전체의 해제를 요구한 것이 아니라 2016년부터 2017년까지 채택된 5건 중에서 민수와 민생에 필수적인 항목의 해제만을 요구했다고 설명했다. 또한 북한은 영변의 핵시설 모두를 미국 전문가들의 입회하에 영구적으로 폐기하겠다고 제안했고, 핵실험과 장거리 로켓 시험 발사를 영구적으로 중지하겠다는 확약을 문서 형태로 제공하는 것도 양보했으나 미국이 "영변 지구 핵시설 폐기 조치 외에 한 가지를 더 해야 한다고 끝까지 주장"했기 때문에 결렬됐다고 해명했다.

### 3) 하노이 회담 결렬 이후

하노이 회담이 결렬된 이후 미국은 북한에 대한 요구 조건을 더욱 강화하는 태도를 보였다. 트럼프 대통령은 북한 김정은 위원장과의 친밀한 관계를 부각시키면서도 '올바른 합의(Right Deal)'를 강조함으로써 핵무기 폐기를 요구했다(강영두, 2019a). 2019년 4월 11일 한국의 문재인 대통령이 방문했을 때도 그는 '스몰딜'이 아닌 '빅딜'이어야 한다면서 "빅딜은 핵무기들을 제거하는 것"이라고 말했다. 개성공단 · 금강산 관광 재개에 관해서도 "적절한 때가 아니다"라고 선을 그었고, 단계적이면서 충분한 실무협상을 통해 "북한의 최종적이고 완전히 검증된 비핵화(FFVD: Final Fully Verifiable Denulcearization)"를 달성해야 한다는 점을 강조했다.

반대로 회담 이후 북한은 미국의 협상 태도를 비판하는 모습을 보였다. 최선희 외무성 부상은 2019년 3월 15일 평양에서 기자회견을 열어서 미국의 회담 태도를 비판하면서 북한은 부분적인 경제제재 해제를 요구했을 뿐이라고 재차 설명했다. 4월에 개최된 최고인민회의에서 김정은은 미국이 "선 무장해제, 후 체제 전복 야망"을 추진하고 있다고 비난했고, 4월 18일 조선중앙통신에서 북한은 폼페이오 장관을 협상 상대자에서 교체할 것을 요구하기도 했다.

북한의 김정은은 미국 압박을 위한 외교적 노력도 강화해 2019년 4월 25일 블라디보스토크에서 러시아의 푸틴 대통령과 정상회담을 가졌고, 6월 20~21일간에는 중국의 시진핑 주석이 북한을 방문하기도 했다. 다만, 푸틴 대통령과의 정상회담에서도 북한 노동자의 지속 활용 등 북한에 대한 적극적인 지지와 지원은 표명되지 않았고, 시진핑 방북 시에도 북한에 대한 실질적 지원책은 발표되지 않았다.

하노이 회담 이후 가장 관심을 끌었던 것은 2019년 6월 30일에 있었던 트럼프 대통령과 북한 김정은 위원장 간의 판문점 회동이다. 그 이전에 친서 교환으로 서로가 어느 정도는 공감했지만, 트럼프 대통령은 일본 오사카에서 열린 G20 회의를 마치고 한국으로 향하면서 트위터를 통해 김정은 위원장과의 판문점 회동을 요청했고, 김정은 위원장도 이에 호응해 성사된 것이다. 판문점에서 두 사람은 50여분의 단독회담을 실시했다. 그러나 이 회동에서 결정된 것은 비핵화 실무협의 재개에 관한 사항이었는데, 실무협의의 경우 개최되기는 했으나 이번에는 북한이 결렬시켰고, 그 후에는 아직 열리지 않고 있다. 하노이 회담을 통해 외교적 노력을 통한 북한의 핵무기 폐기 노력은 크게 타격을 입었고, 2020년 2월 트럼프 대통령이 미 상하원 합동회의에서 실시한 국정연설에서는 북한이라는 단어 자체가 언급되지 않는 현상을 보이기도 했다.

# 3
# 협상이론에 근거한 하노이 정상회담 분석

## 1) 최종게임 측면

### (1) 미국

이번 하노이 협상에서 미국이 공식적으로 제시한 최종 상태는 "북한의 최종적이고 완전히 검증된 비핵화(FFVD)"였다. 이것은 6월 12일 싱가포르 회담 이전부터 강조됐으나 북한이 생각하는 '조선반도 비핵화'와 간격이 커서 그 회담에서는 활용되지 않았다. 그러나 싱가포르 회담에서 합의한 '완전한 비핵화'가 아무런 의미가 없을 정도로 북한이 그들 핵무기 폐기에 관한 사항을 논의하려 하지 않자, 미국은 FFVD를 재강조하게 됐다. 미국이 FFVD를 강조하자 당연히 제2차 미북 정상회담은 지체됐고, 실무회담도 성과를 달성하지 못했다. 미국이 하노이 회담에서 단호한 모습을 보인 것은 FFVD가 미국의 공식적 입장으로 복원됐기 때문이다. 실제 미국은 하노이 회담에서 북한의 모든 핵무기는 물론이고 생화학 무기도 포함하는 모든 대량살상무기를 폐기할 것을 요구했다. 실제 회담장에서 미국은 북한에게 보유하고 있는 모든 핵무기와 미사일의 목록을 신고한 후 해체할 것을 요구했다고도 한다(김현욱, 2019a: 2; 정성장, 2019: 1).

회담 이후에도 미국은 FFVD를 지속적으로 강조했다. 2019년 4월 한국의 문재인 대통령이 방문했을 때도 트럼프 대통령은 '올바른 합의'와 '빅딜'을 강조했다. 이러한 미국의 단호한 태도가 협상의 걸림돌이라고 북한이 비난하기도 했다. 싱가포르 회담과 하노이 회담을 거쳐서 미국은 북한이 핵무기를 폐기할 의도가 없다는 것을 확신하게 됐고, 따라서 그를 위한 명확한 약속과 로드맵이 없는 회담은 북한에게 이용만 당하는 것을 깨달은 것이다. 특히 대북제재가 유지되는 한 시간은 미국 편이라고 생각하고 있기 때문에 미국은 FFVD라는 최종게임을 견지할 수 있을 것으로 판단한 것 같다.

### (2) 북한

북한에 관한 정보가 워낙 제한되어 정확하게 파악할 수는 없지만, 시간이 지나면서 북한의 최종게임은 핵무기의 보유를 미국으로부터 인정받는 것일 개연성이 커지고 있다. 하노이 회담에서 미국에게 대부분의 경제제재 해제를 요구하면서 영변 핵시설의 폐기만을 제시한 것은 그 이상 양보할 생각이 없다는 뜻일 것이기 때문이다. 실제로 북한은 '병진정책'이라는 슬로건으로 핵무력 건설과 경제력 강화를 동시에 추구한다는 입장이었고, 싱가포르 회담에서 그들이 합의한 것은 핵무기 폐기가 아니라 미국의 핵우산 제거를 의미하는 '조선반도 비핵화'였다고 주장했다. 싱가포르 회담 합의문의 경우 한글로도 "한반도의 완전한 비핵화"로 되어 있고, 영어로는 "complete denuclearization of the Korean Peninsula"라고 되어 있는데, 영어를 북한식으로 번역하면 '조선반도 비핵화'가 된다.

실제로 북한은 지금까지 "complete denuclearization of the Korean Peninsula"라는 말 이상의 구체적인 약속을 한 적이 없다. 협상전략 차원에서 북핵 폐기에 관해 의도적으로 애매한 입장을 유지하면서 미국과 한국의 애를 태웠다는 식으로 이해해줄 수도 있지만, 애초부터 북한이 핵무기를 폐기할 생각이 없다는 설명이 더욱 설득력이 있다. 일어서는 트럼프 대통령을 앉도록 만들기 위해 하노이 회담에서 북한이 제안한 것은 핵무기 폐기에 관한 약속을 구체화한 것이 아니라 영변 핵시설의 범위를 확대하는 것이었다(강영두, 2019b). 북한은 협상전략이 아니라 핵무기를 포기할 생각이 처음부터 없었던 것이고, 따라서 핵보유국으로 인정받는 것이 그들의 최종게임이라고 봐야 한다.

### (3) 분석

하노이 회담은 합의를 도출하지 못한 채 결렬됐기 때문에 성공했다고 평가할 수는 없지만, 미국과 북한이 싱가포르 회담에서 애매하게 남겨두었던 서로의 최종게임을 명확하게 제시했고, 그것을 서로가 확실하게 확인했다는 성과는 있다. 미국 내에서도 미국의 대통령, 실무요원, 조야가 북한이 핵무기를 폐기하지 않으려고 한다는 점을 분명하게 깨달은 것을 이번 하노이 회담의 성과로 평가하고 있다(윤지원, 2019: 69). 불편한 진실이지만, 북한이 핵무기 보유라는 최종 게임을 변경하거나 미국이 북한의 핵무기 보유를 인정하는 방향으로 최종게임을 조정하지 않을 경우 미국과 북한이 앞으로 어떤 회담을 갖거나 어떤 협상을 하더라도 의미 있는 합의를 도출하기는 어렵다고 봐야 한다.

## 2) 협상의 전략 측면

### (1) 미국

2018년 6월 싱가포르 회담에서 미국은 전형적인 연성입장 전략을 유지했다. 회담의 성사 자체에 상당한 비중을 두면서 북한이 수용하기 어렵다고 판단하는 사항은 가급적 요구하지 않고자 노력했기 때문이다. 미국은 전통적으로 주장해온 CVID를 싱가포르 회담 직전에 FFVD로 완화했고, 비핵화에 관한 구체적인 내용이 없음에도 합의문에 서명했으며, 싱가포르 회담 직후 기자회견에서 한미연합 연습을 일방적으로 중단한다는 내용도 발표했다.

그러나 하노이 회담에서 미국은 강성입장 전략으로 전환했다. 싱가포르 회담에 대한 반성이 작용한 것으로 판단된다. 트럼프 대통령은 핵무기가 폐기되지 않을 경우 경제제재가 해제되지 않을 것임을 강조했고, 회담 전부터 이후까지 FFVD를 포기하지 않았으며, 생화학 무기의 폐기까지 요구할 정도로 오히려 조건을 강화했다. 푸틴 러시아 대통령과 북한 김정은 위원장 간의 회담 직전에 비건 대표를 러시아로 파견해 러시아가 제재 전선에서 이탈하지 않도록 단속하는 등 회담 이후에도 미국의 강성입장은 강화되고 있다. 북한이 핵무기 폐기에 동의하지 않자 경제제재를 계속 강화해 북한으로 하여금 폐기에 동의하도록 '강요'하는 방식이었고, 강압이었다. 북한이 그러한 강요를 수용하지 않자 회담을 결렬시킨 것이다.

### (2) 북한

북한의 경우에는 2018년 6월 싱가포르 회담이 종료된 후 2019년 2월 하노이 회담에 이르는 기간 동안에 미국과 정반대의 변화를 보였다. 북한은 싱가포르 회담에서는 강성입장을 선택함으로써 2018년 4월 27일 판문점에서 합의한 '완전한 비핵화'라는 동일한 수준의 합의를 고수했고, 결과적으로 미국의 양보를 획득함으로써 회담을 성공적으로 마쳤다. 그 이후의 실무협의에서도 북한은 미국에게 핵무기에 대해서는 말도 꺼내지 못하도록 함으로써 비핵화에 관해서는 전혀 양보할 기미를 보이지 않았다.

그러나 하노이 회담이 확정되면서 북한은 오히려 연성입장으로 전환한 것으로 보인다. 하노이 회담에서 북한은 싱가포르 회담 및 그 직후에 강조했던 종전선언의 채택이나 평화협정 체결과 같은 사항을 제기하지도 않았고, 영변 핵시설의 전면 폐기도 가능하다는 입장을 표명했기 때문이다. 회담의 막바지에 영변 핵시설의 범위에 대한 논란이 발생한 후 트럼프 대통령이 이석을 하려하자 최선희 외무성 부상은 그것이 모든 시설을 의미한다는 김정은 위원장의 해석을 황급하게 받아서 전달하면서까지 어떻게든 성과를 내고자 노력했다. 회담 이후 그들이 요구한 것은 경제제재 전체의 해제가 아니라 민수와 민생에 관한 부분적 해제였다고 북한이 변명하는 모습도 과거에 볼 수 없었던 유연한 모습이었다.

### (3) 분석

북한과의 대부분 협상에서는 북한이 강성입장을 견지하고 한국이나 미국이 연성입장을 채택해 북한을 설득하는 형태였고, 싱가포르 회담은 그러한 전형 중 하나였다. 그러나 하노이 회담에서는 미국이 오히려 강성입장을 선택했고, 북한이 연성입장을 나타내는 유연성을 보였다. 미국은 싱가포르 회담 이후 북핵 폐기가 그들의 최종게임이라는 점을 분명하게 제시하지 않을 경우 협상만 반복한 채 성과를 달성할 수 없다는 인식을 갖게 됐기 때문이다. 싱가포르 회담에서의 무성과로 인해 하노이 회담에서도 연성입장을 견지할 경우 트럼프 대통령의 정치적 입지가 위태로워질 가능성도 없지 않았다.

회담에서 어떤 성과가 도출되고자 하면 서로가 연성입장 전략을 채택해야 한다. 일방이 강성입장 전략이고, 다른 일방이 연성입장일 경우에는 대부분 연성입장을 가진 측이 양보함으로써 합의가 가능해진다. 싱가포르 회담에서는 연성입장 전략의 미국이 강성입장 전략인 북한의 요구를 용해줌으로써 합의가 도출됐지만, 하노이 회담에서는 연성입장 전략의 북한이 강성입장 전략의 미국 요구를 수용할 수 없다고 판단해 결렬된 것이다. 북한으로서는 영변 핵시설 폐기까지는 수용할 수 있지만 핵무기 폐기를 위한 로드맵을 제시하라는 미국의 조건은 수용할 수 없었기 때문이다. 다른 말로 하면, 사소한 사항에서는 미국이나 북한도 유연성을 보일 수 있지만 비핵화라는 근본 쟁점에 대해서는 양보할 수 없어서 양국의 강성입장 전략이 충돌하는 형국이 될 수밖에 없었고, 그래서 회담이 결렬됐다고 봐야 한다.

### 3) 의사결정의 방식 측면

#### (1) 미국

2018년 6월 싱가포르 미북 정상회담에서는 트럼프 대통령이 회담의 개최와 진행, 합의서 작성 등을 직접 결정함으로써 철저한 하향식 의사결정의 형태를 보였다. 트럼프 대통령은 2018년 3월 8일 한국의 정의용 실장이 보고하는 그 자리에서 바로 회담을 실시하겠다고 결심했고, CVID나 FFVD의 언급도 자제하도록 지시했다. 실무회담을 통해 합의된 바가 적었고, 판문점 선언에서 합의된 '완전한 비핵화'라는 용어에 그쳤는데도 싱가포르 회담에서 합의문을 발표하기로 결정했다. 하향식 의사결정 방식의 전형이었다고 봐야 한다.

하노이 회담에서 트럼프 대통령은 상당히 다른 모습을 보였다. 트럼프 대통령은 하노이 회담 이전에 비건 대표에게 북한과 사전에 충분히 협상하도록 지시했고, 그 결과를 보고받은 후 회담에 대한 낙관적 평가를 자제하는 모습을 보였다. 대북 강경파인 볼튼 국가 안보보좌관을 정상회담 확대회담에 참가시켜 북한이 비밀리에 운영하고 있는 농축우라늄 시설에 대한 정보를 제시하거나 생화학 무기 폐기를 요구하도록 허용하기도 했다. 싱가포르 회담 직후에는 트럼프 혼자 2시간 동안 기자회견을 했지만, 하노이 회담 직후에는 폼페이오 국무장관과 함께 기자들의 질문에 답변했다. 트럼프 대통령이 하노이 회담을 결렬시킨 것도 이전에 실무협의에서 만족스러운 결과가 없었고, 주변에서 건의한 것을 수용한 결과이다(김현욱, 2019b: 509). 하노이 회담에서 트럼프 대통령은 상향식 의사결정을 수용했다고 봐야 한다.

### (2) 북한

북한은 왕조적인 체제라서 김정은 위원장 혼자서 모든 최종적인 결정을 내릴 것으로 생각하지만 실제로는 싱가포르 회담이나 하노이 회담 모두에서 참모들의 보좌를 존중하는 모습을 보였다. 김정은은 '조선반도 비핵화'라는 북한의 전통적인 입장을 한 번도 벗어나지 않았고, 실무선에서 건의하지 않는 양보를 독자적으로 결정한 적도 없었다. 특히 하노이 회담에서 김정은은 외무상인 이용호와 부상인 최선희 등 외교부 요원들을 중용했는데, 이들은 오랫동안 이 분야에 종사해온 전문가들로서 그만큼 김정은이 참모들의 보좌를 중시한다는 증거로 볼 수 있다. 싱가포르 회담도 그러했지만, 하노이 회담에서도 북한은 상향식 의사결정 방식을 따랐다고 봐야 할 것이다.

### (3) 분석

싱가포르 회담에서 미국은 하향식 의사결정 방식을 채택했고, 북한은 상향식 의사결정 방식을 사용함으로써 미국은 손쉽게 양보할 수 있었고, 따라서 북한의 비핵화에 관한 구속적인 내용이 없었음에도 합의서가 발표됐다. 그런데 하노이 회담에서 미국의 트럼프 대통령은 실무자들의 의견을 적극적으로 수용하는 자세를 보였고, 결국 미북 양국은 상향식 의사결정 방식을 선택했다. 이렇게 될 경우 미국 실무진은 북핵 폐기에 관한 아무런 진전이 없는 상태에서 어떤 합의서를 만들겠다고 건의하기 어렵고, 북한의 실무진도 미국이 요구하는 핵무기 폐기를 수용하도록 김정은에게 건의하기는 어려울 수밖에 없다. 이렇게 본다면, 북한이 내부적으로 진지한 토론을 거친 후 경제 발전을 위해 핵무기를 폐기하기로 분명하게 결정한 상태에서 협상에 나오지 않는 한 미북 간의 협상이 전개되더라도 의미 있는 합의를 도출하기는 어렵다.

북한과의 협상에서 어떤 의사결정 방식을 선택하느냐는 것은 생각보다 훨씬 중요할 수 있다. 미국의 북핵 폐기와 북한의 북핵 보유는 타협할 수 없는 목표라서 협상 자체가 성립될 수 없기 때문에 협상이 시작되거나 협상에서 타결되는 유일한 방법은 최고 의사결정권자의 일방적 결정 즉 '통 큰 양보'일 뿐이다. 비핵화에 대한 합의가 다소 미흡하거나 북한이 단거리 미사일 시험발사를 지속하거나 미국에 대해 비판적인 언급을 하더라도 트럼프 대통령이 김정은과의 돈독한 관계를 지속적으로 강조하는 것은 그가 참모들의 건의를 무시한 채 핵무기 폐기와 같은 전략적 결단을 내릴 수 있다고 믿고 있고, 그렇게 하기를 기대하기 때문이다. 김정은과 북한의 참모들이 어떤 경우에도 트럼프 대통령을 비난하지 않고, 판문점에서 만나자는 즉흥적인 요구도 즉각 수용한 것은 그들 역시 트럼프 대통령이 참모들의 건의를 무시한 채 북한의 최종게임 즉 핵무기 보유를 묵인해주기를 바라기 때문이다. 그러나 통상적인 인식과 달리 북한은 상향식 의사결정 방식의 성격이 커서 핵무기 폐기를 위한 북한 수뇌부의 '통 큰 양보'를 기대하기는 쉽지 않다. 지금까지 국정에서 보여준 독단적 결정의 사례를 참고할 때 재선에 성공할 경우 오히려 미국의 트럼프 대통령이 주한미군 철수나 핵우산 철폐와 같은 조치를 일방적으로 내릴 가능성이 더욱 클 수 있다.

### 4) 협상의 결렬과 하한선 측면

#### (1) 미국

싱가포르 회담장에서 트럼프 대통령은 비핵화에 관한 실질적인 약속은 받아내지 못한 채 합의서에 서명했지만, 하노이 회담에서는 회담을 결렬시켰다. 지나고 나서 보면 결렬이 이상하지 않지만 당시에는 결렬을 예측한 사람이 거의 없었다. 대부분의 전문가들은 하노이 회담에서 합의 내용과 범위를 둘러싸고 논란은 벌어지더라도 어떤 식으로든 합의가 있을 것으로 전망했다(정한범, 2019: 363). 한국 언론의 상당수는 2월 28일 오전까지도 북한의 영변 핵시설 폐기와 미국의 체제 안전보장 조치가 교환될 것으로 예상했다(민정훈, 2019: 387). 트럼프 대통령의 개인적 변호사였던 코헌(Michael Cohen)에 관한 청문회가 당시 미국에서 진행됐기 때문에 트럼프 대통령이 정치적 국면 전환을 위해서도 어떻게든 합의할 것이라고 분석되기도 했다(정성장, 2019: 2). 그러나 대부분의 예상과 달리 트럼프 대통령은 회담을 도중에 결렬시켰고, 이것은 한국을 비롯한 전 세계에 상당한 충격으로 전해졌다.

트럼프 대통령이 회담을 결렬시킨 것은 북한이 그들의 하한선 아래로 합의를 요구했기 때문이다. 하노이 회담을 위해 미국은 다양한 '플랜 B'를 준비했다는 분석도 있듯이(이상근, 2019: 2) 트럼프 대통령과 참모들은 가능한 대안 중의 하나로 '결렬'을 미리부터 생각해두었을 수 있다. 북한과 미국의 최종게임이 너무나 현격하게 차이가 나는 것을 파악했기 때문이다.

트럼프 대통령은 결렬 후 기자회견에서 북한이 영변 핵시설 폐기만을 조건으로 유엔 경제제재의 대부분을 해제해달라고 했다고 설명했는데, 이것으로 유추해보면 북한이 핵무기 폐기의 분명한 의지와 폐기를 위한 로드맵 정도를 제시할 경우 경제제재를 해제할 수 있다는 정도가 미국의 하한선이었을 가능성이 크다. 만약 북한이 영변의 핵시설을 모두 폐기하면서 최소한의 경제제재 해제를 요구했다면 수용해줄 수 있었겠지만, 북핵의 폐기 없이 대부분의 경제제재를 해제해줄 수는 없었다.

### (2) 북한

하노이 회담에서 북한은 결렬 가능성을 거의 생각하지 못한 것으로 보인다. 트럼프 대통령이 회담장을 떠나자 북한의 김정은은 회담장에서 아무 말도 하지 못할 정도로 당황한 모습을 보였고, 회담이 종료된 이후 내부적으로 문책성의 조치도 적지 않았기 때문이다. 회담 이후 북한의 최선희 외무성 부상이 그가 미국의 계산법을 의아하게 생각했고, 회담 자체에 흥미를 잃을 수 있다고 언급한 것을 봐도 그가 회담의 결렬을 예상하거나 대비하지 않은 것은 분명해 보인다. 실제로 김정은이 실무자와 논의하는 사진을 공개하거나, 3박 4일 열차 대장정이라는 유례없는 언론 플레이를 하거나, 스스로 "좋은 합의가 있을 것 같은 느낌이다"고 밝힌 것에 비추어 보면 그가 회담결과를 낙관했을 개연성이 높다(임수호, 2019: 72-73). 북한의 지도자와 참모들은 싱가포르 회담에서의 경험으로 트럼프 대통령을 다루는 데 자신감을 가졌고, 따라서 회담의 결렬 가능성은 아예 생각하지 않은 것으로 보인다.

하노이 회담에서도 북한의 하한선은 핵무기 폐기는 논의조차 않는다는 것으로 분명했다. 수소폭탄 생산에 필수적이지 않은 영변 핵시설을 폐기하는 것만으로 경제제재의 대부분을 해제해줄 것을 요청한 것을 보면 드러난다. 미국이 폭로해 드러났지만 새로운 우라늄 농축시설을 가동하고 있다는 것은 핵무기를 계속 생산하겠다는 의도이다. 북한의 경우 트럼프가 일어서려는 것을 막고자 노력하면서도 영변 핵시설의 범위만 다소 확대했을 뿐 핵무기 폐기에 관한 사항은 일체 언급하지 않았다. 북한이 자신의 하한선을 고수하려면 미국의 하한선도 침범하지 않는 범위 내에서 요구해야 할 것인데, 당시 트럼프의 국내정치적 어려움을 과대하게 평가했는지 모르지만 경제제재 대부분의 해제라는 지나치게 큰 양보를 요구함으로써 미국의 하한선을 침범했고, 그래서 결렬이라는 미국의 극단적 선택에 직면하게 됐다고 볼 수 있다.

### (3) 분석

회담을 일단 시작하면 어떤 식으로든 합의서를 체결하고자 하는 것이 일반적인 경향이기 때문에 결렬을 선택하는 것은 쉽지 않다. 그러나 이번 트럼프 대통령의 결렬 조치로 말미암아 결렬도 협상의 중요한 수단이라는 점이 다시 한 번 입증되고, 전 세계에 알려졌다. 트럼프 대통령은 하노이 회담을 결렬시킴으로써 싱가포르 회담의 실수를 상당한 정도로 만회했고, 북핵 문제 처리에 관한 국내의 지지도 확보하게 됐으며, 무엇보다 북한에게 더 이상 끌려가지 않을 수 있게 됐다. 하노이 협상을 결렬시킴으로써 트럼프 대통령이 '진정한 협상가'로 재평가받기도 했다(이태석, 2016: 74). 하노이 회담 이후 한국의 언론과 토론장에서 "결렬이 나쁜 합의보다 낫다(No deal is better than a bad deal)"라는 말이 빈번하게 사용되기도 했다.

북한은 싱가포르 회담에서의 경험을 바탕으로 미국과의 협상에 대한 지나친 자신감을 가졌고, 그것이 핵무기와 관련한 일체의 양보도 준비하지 않은 채 하노이 회담에 임하도록 만든 것으로 보인다. 2005년 '9 · 19 공동선언'에서 모든 핵무기와 당시 추진하고 있는 핵무기 개발 프로그램들을 포기하는 것으로까지 약속한 것에 비교하면 하노이 회담에서 북한의 하한선은 너무나 높았다. 그런데 하노이 회담에서는 하한선이 높지 않을 것으로 북한이 생각한 트럼프 대통령이 북한의 핵무기 폐기에 관한 실질적인 약속이 없이는 경제제재는 해줄 수 없다는 다소 높은 하한선을 설정함으로써 미국과 북한의 매우 상이한 두 개의 하한선이 충돌하게 됐고, 결국 회담은 결렬된 것이다(정한범, 2019: 365).

북한이 하한선에 대한 양보를 전혀 생각하지 않은 것이나 미국이 하한선을 더욱 분명하게 한 것은 싱가포르 회담에서의 경험이 작용한 것이다. 북한은 트럼프 대통령의 성격, '협상의 달인'으로서 어떤 식으로든 합의를 이루려는 열망, 노벨 평화상에 대한 욕심, 국내정치적으로 곤란해진 상황 등을 종합적으로 고려해 핵무기 폐기를 양보하지 않더라도 트럼프 대통령이 경제제재 해제를 양보해줄 것으로 판단한 것 같다.

그러나 미국은 싱가포르 회담에서의 실패를 통해 북핵 폐기라는 하한선을 더욱 분명히 해야 한다고 생각했고, 트럼프 대통령은 북한이 생각하는 것보다 훨씬 복잡한 사람이었던 것이다. 결국 싱가포르 회담은 미국과 북한 모두에게 서로의 하한선을 더욱 강화하게 만들었고, 그것이 이번 하노이 회담에서 충돌한 셈이다(정한범, 2019: 363-364; 민정훈, 2019: 385). 북한에게는 싱가포르 협상의 성공이 하노이 협상 실패의 씨앗이 됐고, 미국에게는 싱가포르 회담의 실패가 하노이 회담에서 이전 실패를 만회하는 약이 됐다고 할 것이다.

# 4
# 결론

2019년 2월 27~28일 사이에 하노이에서 개최된 미북 정상회담은 당시의 기대와 달리 실제로는 성공적인 합의가 도출되기 어려운 여건에서 시작됐다. 아직도 '비핵화'의 정확한 내용에 대해 양국이 합의하지 못한 상태였고, 싱가포르 회담의 실패 이후 미국은 북핵 폐기라는 하한선을 분명하게 설정한 상태에서 회담에 임함으로써 핵보유를 지향하는 북한과 완전히 상반된 최종게임을 갖게 됐기 때문이다. 이 외에도 북한은 트럼프 대통령이 연성입장 협상전략이라는 전제하에 자신이 연성입장 전략으로 전환하면 합의가 가능할 것으로 예상했지만, 트럼프 대통령은 싱가포르 회담 이후 강성입장 협상전략으로 전환한 상태였다.

북한은 트럼프 대통령이 국내정치적 필요성 등으로 하향식 용단을 내려 그들의 핵보유를 인정해줄 것으로 기대했지만, 그는 볼튼을 회담장에 동석시키는 등 상향식 의사결정방식을 선택했다. 결국 핵무기 폐기를 위한 분명한 일정을 요구하는 미국과 영변 핵시설의 폐기만으로 버티려는 미국과 북한 간 하한선의 차이가 커서 하노이 회담은 중도에 결렬된 것이다.

싱가포르 회담에서 워낙 북한에게 활용당했기 때문에 '나쁜 합의보다 결렬이 낫다'면서 안도한 측면도 있었지만, 북핵을 폐기시킬 수 있는 합의를 도출하지 못해 미국에게도 하노이 회담이 성공적이었다고 평가하기는 어렵다. 다만, 하노이 회담을 통해 북한이 핵무기를 포기하지 않으려 한다는 것과 유엔의 경제제재가 북한을 힘들게 만들고 있다는 것을 확인한 성과는 있었다. 그 결과 미국은 서두를 것이 없다면서 경제제재를 지속적으로 유지하고 있고, 북한으로서는 마땅한 타개책이 없어진 상황이라고 할 수 있다. 그 사이에 북한은 계속 핵전력을 증강할 것이기 때문에 시간이 흐를수록 한국에 대한 북핵 위협의 심각성만 커진다고 할 것이다.

'불편한 진실'이지만 이제는 북한이 핵무기를 폐기하겠다는 전략적 결정을 내리지 않았다는 점을 냉정하게 인정할 필요가 있다. 2018년 3월 6일 정의용 안보실장이 북한 김정은의 '비핵화 용의'를 전달했지만, 그것은 북한의 핵무기 폐기가 아니라 주한미군 철수와 미국의 핵우산 제거를 염두에 둔 말이었다. 돌이켜 보면, 판문점 남북정상회담이 개최되기 1주일 전인 4월 20일 개최된 노동당 전원회의에서 북한은 "세계적인 핵강국으로 재탄생"했다면서 핵보유 의지를 표방했었고, 지금까지 핵무기를 폐기하겠다는 분명한 의미의 말을 전달한 적이 없다. 한국의 문재인 대통령은 외신과의 회견 등을 통해 비핵화가 북한의 핵무기 폐기를 의미한다고 해석했지만, 그것은 희망이지 현실은 아니었다.

북한의 핵무기를 폐기하고자 한다면 이제는 대화와 협상을 활용하면서도 압박을 병행 또는 선행해야 한다는 점을 자각해야 한다. 한국 정부는 남북관계를 개선해 상호간 교류와 협력을 증대시키면 북한의 핵포기 유도가 가능할 것으로 생각하면서 북한이 요구하는 사항을 가급적 수용하고자 노력했다. 그러나 판문점 선언 이후 잠시 개선되는 듯하던 남북관계는 완전히 차단됐고, 최근 북한은 남한 정부를 노골적으로 소외, 위협, 심지어 조롱하고 있다. 북한이 남북 및 미북 정상회담에 나섰던 것은 국제사회의 경제제재와 미국의 군사적 옵션 사용 가능성 때문이었고, 평창 올림픽을 계기로 한 남한의 접근 노력 때문이 아니었다는 점을 인정하지 않을 수 없다. 북한으로 하여금 핵무기 폐기 이외에 생존방법이 없다는 점을 깨닫도록 하지 못할 경우 북핵 폐기를 위한 협상에서 성과를 달성하기는 어렵다.

한국도 하노이 미북 정상회담의 사례를 통해 '결렬'도 유용한 협상의 방법이고, 지나치게 두려워할 필요가 없다는 인식을 가질 필요가 있다. 판문점에서의 첫 번째 남북 정상회담이나 싱가포르에서의 첫 번째 미북 정상회담에서 협상을 결렬시키겠다는 각오하에 북한에게 '비핵화'에 대한 분명한 정의를 요구하고, 핵무기 폐기를 위한 로드맵이 제시되지 않을 경우 협상을 결렬시키겠다면서 단호한 입장을 견지했거나 실제로 협상을 결렬시켰다면 한국과 미국은 핵무기 폐기에 관한 더욱 진전된 북한의 양보를 얻어낼 수 있었을 것이다. 2005년 북한은 6자회담국과의 '9 · 19 공동성명'에서 "모든 핵무기와 현존하는 핵계획들을 포기"한다고 약속하기도 했다. 그러한 북한이 '완전한 비핵화'라는 애매한 용어에만 합의한 채 미국의 군사적 옵션 사용 명분을 제거하면서 핵무기 생산을 지속할 수 있게 된 것은 한국과 미국이 결렬을 두려워해 불충분한 내용에 합의해줬기 때문이다. 이

제부터는 만남, 대화, 협상 자체에 의의를 둘 것이 아니라 북한의 핵 무기 폐기라는 성과를 도출하는 데 노력을 집중해야 한다.

# 제5장
# 한국의 중재자 역할

북한의 핵무기는 휴전상태에서 북한과 첨예한 대치를 지속하고 있는 한국에게 심각한 안보위협일 것인데, 이상하게도 그의 폐기를 둘러싼 협상은 미국에게 맡겨졌다. 어떻게든 북핵 폐기를 성공시켜 보겠다는 고육지책(苦肉之策)으로 이해할 수도 있지만, 이로 인해 북핵 또는 한반도 문제에 관한 한국의 주도성은 크게 줄었다. 그나마도 북핵 폐기가 전혀 진전을 보이지 않음에 따라 한국은 북한의 위협은 증대되는 상황에서 동맹마저 멀어지는 위태로운 상황이 됐다.

세계 최강의 국력과 군사력을 가진 미국과의 동맹관계가 전쟁억제에 효과적인 것은 분명하지만, 미국에 의존하다보니 한반도 문제에 누가 당사자이고, 누가 지원자인지 혼란이 발생한 점이 있다. 특히 북핵과 같이 심각한 위협일수록 한국은 미국에게 미루면서 제3자인 척 하는 경향이 발생하고 말았다. 당사자로서 한미동맹을 바탕으로 북한의 핵무기 폐기를 압박해야 할 한국 정부가 미국과 북한 사이에서 '중재자' 역할을 자청하는 일까지 발생한 것이다.

# 1
# 중재의 개념과 사례

## 1) 협상과 중재(Mediation)

협상은 기본적으로 둘 이상 당사자가 대화를 통해 문제를 해결해 나가는 노력이지만, 의견의 상충을 직접 해결하는 것이 쉽지 않거나 문제를 더욱 어렵게 만들 수 있다는 점에서 제3자(the Third Party)의 개입 또는 지원도 유용할 수 있다. 제3자가 개입할 경우 협상이 폭력적으로 악화되거나 갑작스럽게 결렬되는 것을 예방해줄 수 있고, 비윤리적인 방법과 수단을 사용하지 못하도록 감시하는 효과가 발생하기 때문이다. 이러한 취지에서 유엔헌장 제33조에서도 국제평화와 안전을 위협하는 분쟁이 지속될 경우 쌍방 간 협상에 추가해 제3자가 심사(Inquiry), 조정(Mediation), 알선(Conciliation), 중재(Arbitration), 법적 해결(Judicial Settlement) 등으로 개입할 수 있다면서 권유하고 있다(United Nations, 2019).

협상에 관한 제3자의 역할과 관련해 '촉진자, 알선자, 조정자, 중재자' 등의 다양한 용어가 사용될 수 있다. 분명한 정의와 구분에 근거해 사용하는 것은 아니지만, 이 중에서 가장 일반적인 용어는 중재(仲裁), 영어로는 'Mediation'이다. 다만, 한국에서는 법률적 용어인 'Arbitration'도 '중재'로 번역해 사용함에 따라 혼동될 수 있다. 법률의 '중재'는 법적인 권한을 가진 개인이나 조직이 능동적으로 문제를 해결하는 개념으로서 어느 정도의 강제성이 포함되어 있고, 따라서 일반적으로 사용되는 'Mediation'과는 차이가 있다(하충룡, 2019: 90). 이러한 혼동을 회피하고자 협상이론에서는 Mediation을 '조정'이라고 번역하기도 하지만, 이 경우에는 'Coordination'이라는 용어와 혼동이 될 뿐만 아니라 이 또한 법률에서 법원 소속의 조정기관이 당사자를 설득함으로써 상호 양해하에 민사에 관한 분쟁을 해결하는 것을 '조정'이라고 말하고 있어(이로리, 2009: 39-40) 혼란이 발생할 소지가 있다. 새로운 용어를 만들면 이러한 혼동과 혼란을 회피할 수는 있겠지만, 그 용어에 다수가 동의한다는 보장도 없고, 용어의 추가로 혼란만 키울 수 있다. 따라서 필자는 법적인 중재(Arbitration)와는 다른 일반적 개념으로서 'Mediation'을 '중재'로 번역하고자 한다.

'중재'에 관한 정의는 활용하는 분야에 따라 다를 것이지만, 국제관계에서는 "분쟁 당사자들이 물리적 폭력에 의하거나 법의 권위에 근거하지 않으면서 분쟁을 해결하기 위해 어떤 개인, 집단, 국가 또는 기구의 지원을 모색하거나 이들의 지원요청을 수락해 분쟁을 해결하거나 차이점을 해소해 나가는 분쟁관리의 과정"으로 인식하고 있다(Wallensteen and Svensson, 2014: 316). 중재는 두 당사자 사이에서 제3자가 어떤 능동적인 역할을 수행하는 것으로서, 제3자가 개입해 당사국 간의 타협을 유도하거나 문제해결을 위한 방법을 제안하는 등으로 협상을 지원하는 활동을 말한다(천차현, 2016: 155). 유엔에서는 중재를 "제3자가 둘 또는 그 이상의 당사자들이 서로 수용할 수 있는 합의안을 개발해 지원함으로써 분쟁의 해결에 관한 합의를 도출하고, 분쟁을 예방, 관리 또는 해결하는 과정이다"(Secretary General of United Nations, 2012: 4)라고 정의하고 있다.

중재 이외에도 유사한 용어가 적지 않게 사용되는데, 유럽안보협력기구(OSCE: Organization for Security and Cooperation in Europe)에서는 '대화촉진(Dialogue Facilitator)'을 빈번하게 사용하고 있다. 설명에 의하면 중재는 "불편부당한 제3자가 분쟁의 당사자들과 노력해, 문제가 된 그들의 이해를 만족시키는 방법으로, 분쟁에 관해 합의할 만한 공통의 해결책을 찾아내는 제도화된 소통과정"인 데 반해, 대화촉진은 중재에 비해서 소통하는 기간이 상대적으로 짧고, 분쟁 당사자들 간 상이한 시각과 차이를 이해, 인정, 공감하는 데 주안을 둔다(Secretary General of United Nations, 2012: 4). 중재에서는 해결책을 찾아내기 위한 노력을 강조하고, 대화촉진에서는 상호 간의 대화를 주선하는 정도에 만족한다. 제3자가 개입하는 형태와 관련해 알선(Conciliation)이라는 용어도 사용되는데, 이것은 대화를 거부하는 당사자들을 협상 테이블에 앉도록 만드는 정도의 역할을 말한다(Organization for Security and Cooperation in Europe, 2014: 10). 정리하면, 제3자의 개입에 관해서는 중재가 가장 일반적인 용어이고, 알선, 대화촉진, 중재로 세분한다면 중재가 가장 적극적으로 개입하는 개념이라고 할 수 있다.

그것이 중재든, 대화촉진이든, 알선이든 상관없이 제3자에 의한 개입은 긍정적인 효과를 산출할 수 있다. 제3자가 개입할 경우 당사자 쌍방 간의 감정적 충돌을 최소화할 수 있고, 사태의 급격한 악화를 방지하면서 당사자들의 체면을 세워주는 것도 가능해지기 때문이다. 다만, 제3자의 개입이 이러한 긍정적 효과를 발휘하고자 한다면 그 제3자는 쌍방의 당사자 누구와도 연계되지 않은 채 객관적인 위치를 확보하고 있어야 한다. 확실한 독립성을 유지해야 한다는 것이다. 이러한 점에서 어느 한쪽 당사자로부터 권리와 의무를 부분적으로라도 위임받은 대리인이나 협상대표는 그 권리와 의무를 위임해준 어느 당사자의 이익에 충실해야 한다는 점에서 진정한 중재 역할을 수행하기는 어렵다. 다시 말하면, 제3자는 "협상에 직접적인 이해관계가 없는 전문가, 기관, 단체, 그리고 국가"라야 한다(하혜수 · 이달곤, 2017: 278-279).

## 2) 중재자의 요건

스스로가 원한다고 하여 어떤 국가나 조직이 중재 역할을 수행할 수 있는 것은 아니다. 중재의 가장 기본적인 조건은 쌍방 당사자가 중재자의 존재와 역할에 동의하는 것이기 때문이다. 중재는 강제가 아니라서 당사자들이 동의할 때 또한 당사자들이 인정하는 범위 내에서 수행될 수밖에 없다(Secretary General of United Nations, 2012: 4-5). 이러한 점에서 제3자의 역할은 당사자들이 직접 협상하는 정도가 커질수록 줄어들고, 당사자들 간의 직접 협상이 어려워질수록 확대될 가능성이 크다.

그렇다면 중재자가 어떤 요건을 구비할 때 두 당사자들이 중재를 허용할까? ① 협상에 관한 전문지식, ② 중립적인 자세, ③ 공정성의 확보, ④ 창조적 대안 제시가 요건으로 거론되기도 한다(하혜수·이달곤, 2017: 296-299). 즉 중재자가 되려는 조직이나 사람은 협상이 진행되고 있는 사안의 내용과 사안에 관한 두 당사자들의 입장을 정확하게 이해해야 할 뿐만 아니라 그것을 조정할 수 있는 적절한 협상술도 구비하고 있어야 한다. 당연히 중재자는 당사자 중 어느 한편으로 치우치지 않아야 하고, 협상과정에서 당사자들의 균등한 기회와 조건을 보장해야 한다. 나아가 중재자는 당사자들의 이해관계를 적절히 반영하면서도 타결이 가능한 창조적 대안을 제시할 수 있어야 한다.

위에서 제시한 네 가지 요건 중에서 ①, ②, ③은 그다지 어렵지 않거나 노력하면 확보가 가능할 수 있지만 ④ '창조적 대안(Creative Option)'을 제시하는 것은 요구하기는 쉽지만 실제로 구비하기는 어렵다. 이것은 협상 당사들의 이해관계를 적절하게 충족시킬 수 있는 대안을 발견하는 일로서, 현실에서 그것을 발견한다는 것이 말처럼 쉽지 않기 때문이다. 협상 당사자들이 첨예하게 대립하거나 중대한 사안일수록 창조적 대안을 찾기는 어렵다. 쌍방의 견해차가 큰 사안의 경우에는 창조적 대안 자체가 없을 수도 있다. 그럼에도 불구하고 중재자는 창조적 대안을 찾으려고 노력해야 하고, 그것이 가능할 때 훌륭한 중재자가 될 수 있는 것을 분명하다.

그 외에도 다양한 차원에서 사람마다 적절한 중재자의 요건을 제시할 수 있다. 중재의 영역 자체가 워낙 모호하기 때문에 동일한 상황이라고 하더라도 중재자의 질에 따라서 결과는 적지 않게 달라질 것으로 추정하는 것이 합리적이고, 따라서 아무나 중재할 수 있다고 판단해서는 곤란하다. 특히 중재는 생산적인 결과를 도출하면서도 관련 당사자들의 관계도 우호적으로 만들어야 한다는 점에서 쉬운 일은 분명 아니다.

### 3) 중재의 성공

중재의 성공은 중재 결과의 성공과 중재 과정의 성공으로 구분해 평가해볼 수 있다. 여기에서 중재 결과의 성공은 협상에서 지향하던 바가 달성됐느냐는 것이고, 중재 과정의 성공은 협상 과정에서 중재가 얼마나 기여했느냐에 관한 사항이다. 다른 말로 하면, 전자는 당사자들이 충돌을 빚었던 사안이 해결됐느냐는 것이고, 후자는 당사자들의 노력을 중재자가 어느 정도로 의미 있게 지원했느냐는 데 관한 평가라고 할 수 있다. 전자는 결과의 질, 후자는 과정의 질이라고 구분할 수 있다(Sandu, 2013: 30). 일반적으로는 결과로서의 성공이 중요하지만, 과정에서의 성공을 무시할 경우 차후 중재를 위한 교훈을 도출하는 것이 어려워진다.

결과로서의 중재가 성공했느냐에 대한 평가는 중재자가 개입해 달성하고자 했던 목표에 어느 정도 도달했느냐는 효과성(Effectiveness)을 판단하는 것이다(Lanz, et al., 2008: 14). 대부분의 협상에서는 합의서가 체결되는 것을 중재의 성공으로 보지만, 불완전하거나 의미가 적은 내용으로 합의서가 체결됐음에도 성공이라고 단순하게 평가하기는 어렵다. 결국 중재의 성공 여부는 당시 논의되는 사안의 종류나 중재자가 처한 상황에 따라서 다양하게 평가될 수밖에 없다. 다만, 문제된 사안에 관해 어떤 합의가 체결됐다는 것이 중재 결과의 성공을 평가하는 기본적인 조건이 되는 것은 분명하다.

단순히 분쟁이 타결됐다고 하여 중재가 성공적이었다고 평가할 수 없다는 문제의식에서 요구되는 것이 중재 과정의 평가인데, 이것은 결과를 평가하는 일보다 복잡할 수밖에 없다. 정성적인 기준이 사용되어야 하기 때문이다. 여기에도 다양한 기준이 적용될 수 있겠지만, 결정적인 것은 관련 당사자들이 중재자의 역할에 대해 어느 정도 만족스럽게 생각하느냐는 것이다. 즉 당사자들이 협상의 타결에 중재자가 기여한 정도가 크다고 평가하면 중재의 과정이 성공적이었다고 볼 수 있고, 그렇지 않으면 중재의 과정이 미흡한 것으로 볼 수밖에 없다. 협상의 2개 당사자 중에서 어느 한쪽이라도 중재의 필요성이나 기여를 인정하지 않는다면 중재에 성공했다고 보기는 어렵다. 이 경우 중재자가 없었다면 실패할 수도 있었다는 평가가 존재하는 것이 중요하다.

### 4) 중재의 사례

세계적으로 분쟁이 빈번하게 발생했기 때문에 국제정치에서는 다양한 중재의 사례가 역사적으로 누적되어 왔다. 그중에서 최근의 대표적인 사례는 이스라엘과 아랍국가들 간의 평화공존을 위해 미국이 수행한 중재였다. 미국은 닉슨 대통령 때부터 이스라엘과 주변

국가들의 분쟁을 중재하고자 노력했는데, 이를 발판으로 카터 대통령은 1978년 9월 5일 메나헴 베긴(Menachem Begin) 이스라엘 총리와 안와르 사다트(Anwar El Sadat) 이집트 대통령을 캠프 데이비드 별장에 초청해 중동평화를 중재하는 데 성공했다. 이스라엘과 이집트는 1979년 3월 26일 미국의 워싱턴에서 평화협정을 조인했고, 이로써 양국은 국교를 정상화했으며, 더 이상 분쟁 상태에 돌입하지 않았다. 클린턴 대통령 역시 1993년 이스라엘과 팔레스타인 해방기구(PLO) 간의 평화협정을 중재해 오늘까지 공존상태가 유지되는 기틀을 마련했다(박종평, 2001: 69-73).

한국이 일방적으로 도움을 받는 상황이어서 당사자와 중재자가 혼란스러운 점은 있지만 한반도 문제에 관해서도 중재의 사례는 없지 않았다. 1950년 발발한 남북한의 6 · 25전쟁에 유엔이 개입한 것이 적극적인 중재의 역할로서, 이 전쟁의 최초 당사자는 누가 뭐래도 남한과 북한이었다. 전쟁 종료 이후에도 유엔은 한반도의 평화정착을 위한 다양한 중재 활동을 시행했고, 이 역할은 지금도 계속되고 있다. 6 · 25전쟁은 휴전됐지만 그 휴전협정의 서명 당사자는 유엔군 사령관으로서, 그는 남한과 북한 모두의 정전협정 준수를 보장해야 하는 책임과 권한을 갖고 있고, 이러한 점에서 중재 역할을 수행하고 있다고 할 수 있다.

### 5) 북핵과 중재

6 · 25전쟁에 비해서 더욱 당사자와 중재자의 구분이 혼란스러운 것은 북핵 문제이다. 북한은 6 · 25전쟁 때 실패한 '전 한반도 공산화'를 기어코 달성하기 위한 필사적인 수단으로 핵무기를 개발했고, 남북한은 휴전상태로서 북한이 언제 도발할지 알 수 없다는 점에서 북핵 폐기의 당사자는 당연히 남한이어야 하고, 그렇게 되면 다른 국가들은 중재자여야 한다. 그런데 중재에 나선 미국과 중국이 워낙 강대국일 뿐만 아니라 북한이 미국과의 협상을 요구하고, 한국 정부도 북핵 해결이 어렵다고 생각하면서 미국에게 의존함에 따라 현실에서는 오히려 미국이 당사자이고, 한국이 중재자로 인식되는 경향이 있어 왔다.

이러한 당사자와 중재자의 혼동은 북핵 위기가 발생할 때마다 부각됐을 뿐 아니라 위기가 거듭될수록 그 혼동의 정도는 커졌다. 북한의 핵무기 개발을 둘러싼 첫 번째 위기는 1993년 북한이 핵확산금지조약(NPT)을 탈퇴한다고 일방적으로 선언함으로써 비롯됐는데, 이것을 처리하는 일을 미국이 주도하고 한국은 미국이 타결해주면 이행하는 수준에 그친 것이다. 당시 미국의 카터 전 대통령이 중재해 미국과 북한 간에 1994년 10월 '제네바 합의'를 맺음으로서 북한은 핵무기 개발을 포기하는 대신에 미국은 2기의 발전소를 건설해주기로 했는데, 그 발전소 건설에 소요되는 70% 이상의 비용을 한국이 부담했다. 비용을 많이 분담하는 것으로 보면 이 시기까지의 한국은 북핵 문제의 당사자라는 인식을 지니고 있었고, 미국은 중재자라고 생각했던 것으로 판단된다.

북핵을 둘러싼 두 번째 위기에서는 한국의 당사자 인식이 더욱 감소됐다. 2002년 10월 북한 고위인사가 고농축우라늄을 이용한 핵 개발 계획을 시인함으로써 미북 간의 제네바 합의가 붕괴되자 미국, 중국, 러시아, 일본, 한국, 북한이 참여하는 '6자회담(Six Party Talks)'이 가동됐는데, 당연히 한국은 산술적으로 계산해도 1/6의 발언권에 불과해 당사자로서의 지분이 크게 줄어들었다. 특히 6자회담을 하면서도 북한은 미국과의 직접 협상을 요구해 이를 수용해줬기 때문에 미국이 당사자로 부상하는 경향을 보였다. 그래도 당시 한미 양국은 북한과의 협상에 관한 사항을 철저하게 협의했고, 미국도 필요한 모든 정보를 한국과 공유하고자 했다. 또한 2005년 9월 체결한 북한과의 합의를 통해 북한이 "모든 핵무기와 현존 핵계획들을 포기"하기로 약속함에 따라서 일시적으로는 북핵 문제가 해결된다는 생각까지 가지기도 했다.

북핵문제는 국제질서를 주도하고 있는 미국이 깊게 관련되어 있고, 핵무기 포기를 결정해야 하는 당사자인 북한이 미국과의 협상을 요구함에 따라서 지금까지의 북핵 문제 해결 과정에서 있어서 한국의 역할은 제한될 수밖에 없었고, 당사자로서의 인식이 줄어든 것은 사실이다. 그럼에도 불구하고 북한이 핵무기를 개발한 근본목적은 '전 한반도 공산화', 즉 남한에 대한 무력통일이고, 사용의 직접적인 대상은 남한일 것이기 때문에 한국이 가장 직접적이면서 근본적인 당사자일 수밖에 없다. 다른 국가들은 일이 잘못되어 북핵을 포기시키지 못한다고 해도 국가의 생존이 위협받지는 않지만, 한국은 국가의 존망이 위험해지기 때문이다.

강대국일 뿐만 아니라 북한이 요구하는 것을 수용하는 차원에서 미국이 북한과 직접 협상하는 선례를 허용하다 보니 한국에서는 당사자와 중재자에 대한 혼동이 발생했고, 이로 인해 북핵 문제에 대한 한국의 주인의식은 매우 줄어들었다. 그리고 이로 인해 지금까지 그렇게 오랜 시간을 노력했으면서도 북핵 문제가 제대로 해결되지 않았을 수도 있다. 존망을 걸고 해결해야만 하는 직접 당사자인 한국이 미국과 북한 사이의 중재자인양 물러서고, 근본적으로 중재자에 불과한 다른 국가들이 앞장서기는 했지만 그들은 존망을 걸어야 할 정도가 아니라서 위험부담이 없는 방식만 적용하면서 시간을 보내왔기 때문이다. 이스라엘이라는 하나의 국가가 다수 중동국가의 핵무기 개발을 차단하는데, 세계 4대 강대국이 북한 핵무기 개발 하나를 차단하지 못한 이유라고 할 수 있다.

## 2
## 싱가포르 미북 정상회담과 한국 정부의 중재

북핵의 직접적이면서 근본적인 당사자는 한국이지만 2018~2019년 사이에 북한의 비핵화를 둘러싼 협상에서는 미국이 한국 대신 당사자로 나서고 한국이 중재자로 아예 자청하는 형태로 진행됐다. 합리적 시각에서 보면 북핵에 대해 한국이 중재자 역할을 한다는 것 자체가 말이 되지 않지만, 문재인 정부가 자청해 그렇게 행동했기 때문에 우선 싱가포르 회담과 관련해 한국의 중재역할이 어떠했는지를 평가해보고자 한다.

### 1) 회담의 성사에 대한 한국의 역할

싱가포르 미북 정상회담이 성사된 근본적인 배경은 북한이 상당한 핵능력을 구비하는 데 성공했기 때문이다. 2006년 10월 9일 제1차 핵실험으로 시작된 북한의 핵무기 개발은 2017년 9월 3일 제6차 핵실험으로 수소폭탄 개발에 성공함으로써 대량생산 체제로 전환하게 됐다. 또한 2017년 11월 29일 발사된 '화성-15형'은 미 본토 공격을 위한 잠재력을 가진 것으로 평가되어 미국이 북한에 의한 핵미사일 공격을 우려해야만 하는 상황이 됐다. 이로 인해 미국은 북한의 핵능력이 미흡했던 클린턴 행정부나 오바마 행정부에서 적용했던 무시전략을 계속 적용할 수 없는 상황이 됐고, 따라서 북한과의 협상에 나서게 됐다.

핵무력을 완성한 북한에게도 미국과의 대화와 협상은 필요했다. 미국의 묵인을 얻어내면 핵보유국이 될 수 있다고 생각했고, 유엔의 경제제재를 해제받고자 한다면 유엔을 주도하고 있는 미국과 타협을 이루어야 하기 때문이다. 실제로 북한은 핵무기를 개발하는 과정에서도 미국과의 대화를 줄곧 요구했고, 핵무기나 미사일의 수준을 높일 때마다 미국을 위협하는 언사를 빠뜨리지 않음으로써 미국을 협상 테이블로 유도하고자 노력했다. 북한의 김정은은 2018년 1월 1일 신년사에서 미국 본토가 북한 핵미사일의 사정권 내라면서 핵단추가 자신의 책상 위에 놓여 있다는 사실을 미국이 자각해야한다면서 위협하기도 했다.

그럼에도 불구하고 싱가포르에서 역사상 첫 번째 미북 정상회담이 열리게 된 데는 한국 정부의 중재 역할이 적지 않게 기여한 것은 분명하다. 문재인 정부가 평창 동계올림픽을 계기로 북한과의 대화 분위기를 성숙시켰고, 정의용 안보실장이 김정은을 만나 비핵화 의지를 전달받아 미국에 전함으로써 미북 정상회담이 결정됐기 때문이다. 정 실장은 북한이 한미연합훈련을 양해하고, 대화가 지속되는 동안 핵실험 및 탄도미사일 시험발사를 하지 않을 것이며, 핵무기는 물론 재래식 무기도 남한을 향해 사용하지 않을 것으로 약속했다는 점을 한국과 미국에게 전달함으로써(정우상, 2018a: A1) 트럼프 대통령으로 하여금 회담을 수용하게 만들었다.

펜스 부통령에 대한 최선희 북한 외무성 부상의 불손한 언사를 이유로 미국의 트럼프 대통령이 예정된 미북 정상회담을 최소하게 됐을 때, 이것을 복원시키는 데도 한국 정부의 중재 역할이 작동했을 가능성이 낮지 않다. 싱가포르 회담이 취소되자 북한의 김정은은 문재인 대통령과의 회동을 요청했고, 두 사람은 2018년 5월 26일 판문점에서 2시간 동안 만났다. 이 회동 이후 두 사람은 "6 · 12 북 · 미 정상회담이 성공적으로 이뤄져야 하며 한반도 비핵화와 항구적인 평화체제를 위한 여정이 결코 중단될 수 없다는 점을 확인하고, 긴밀히 상호협력하기로 했다"고만 발표했지만, 언론에서는 김정은이 문대통령에게 미북 정상회담의 성사를 위해 지원해줄 것을 요청했다고 보도됐다(정우상, 2018b: A1). 트럼프 대통령이 6월 1일 북한 김영철 노동당 부위원장의 방문과 김정은의 친서를 받은 후 회담의 재개를 발표했지만, 한국 정부의 사전 설명과 노력으로 그러한 방문이 가능했을 수 있다.

## 2) 회담 내용에 대한 한국의 역할

싱가포르 회담의 개최에는 한국이 상당히 기여했지만 회담에서의 협상 내용에 관한 한국의 기여는 거의 없었다. 정상회담은 물론이고, 실무회담에도 한국의 대표가 참석하지 못했고, 미국이나 북한도 한국의 의견이나 개입을 적극적으로 요청하지 않았기 때문이다. 미북 실무회담이 판문점에서 개최되기는 했으나 미국이나 북한 어느 쪽도 한국에게 참여나 자문을 요청하지 않았고, 그 결과 한국은 논의의 방향이나 내용도 적시적으로 파악하지 못했다. 당시 한국 언론은 핵탄두 · 핵물질 · 미사일의 신속한 해외 반출과 폐기를 요구하는 미국의 제안을 북한이 거부했다는 수준의 내용을 정부 소식통의 전언이라면서 보도했을 뿐이다(김진명, 2018: A1).

싱가포르 미북 정상회담에도 한국은 전혀 참여하지 못했다. 문재인 대통령은 싱가포르 회담에 동석하겠다는 의사를 표명했으나 미국이 허용하지 않았다는 보도도 있었다(정우상, 2018c: A3). 문재인 대통령 스스로 "기도하는 심정", "진인사대천명(盡人事待天命)의 마음"으로 회담의 결과를 지켜보기만 해야 하는 답답함을 언급하기도 했다(임형섭 · 박경준, 2018). 정상회담은 철저히 미국과 북한의 당사자 간에 추진됐고, 어느 당사자도 한국에게 조언이나 협력을 요청하지는 않았다.

싱가포르 회담의 합의서에 남북 정상이 4월 27일 판문점에서 합의한 사항이 그대로 반영되어 있다는 점에서 한국이 이전에 노력해 놓은 바가 간접적으로 영향을 끼친 측면은 존재한다. 싱가포르 회담 합의문 중에서 비핵화에 관해서는 "2018년 4월 27일 판문점 선언을 재차 확인"하면서 판문점 선언에서 남북이 합의했던 '완전한 비핵화'를 위해 서로 노력한다는 내용으로 합의문이 작성됐기 때문이다. 다만, 판문점에서 남북 정상이 모호하게 합의한 것이 북한에게 구체적 합의를 회피하는 구실을 제공한 측면도 부정할 수는 없다.

북한의 핵무기 폐기에 관한 확실한 합의를 획득하는 것도 중요하지만 북한과의 대화 모멘텀을 유지하는 것이 중요하다는 한국 정부의 입장이 트럼프 대통령으로 하여금 불만족스러운 내용임에도 합의서에 서명하도록 영향을 주었을 수 있다. 싱가포르 회담 이틀 전까지도 트럼프 대통령은 북한이 "진지하지 않다는 느낌이 들면 시간을 낭비하지 않을 것"이라면서 회담의 결렬도 주저하지 않겠다는 입장이었다(임민혁, 2019: A1). 그러나 회담에서 북한이 '완전한 비핵화'라는 애매한 약속 이외에는 전혀 양보하지 않았음에도 합의서 서명에 동의했는데, 이것은 북한과 대화의 끈을 놓치지 않겠다는 당시 한국 정부의 태도와 유사한 점이 있다.

### 3) 평가

핵무기 개발을 완료한 북한이 장거리 미사일 개발에 까지 성공했다는 상황적 요인이 미국으로 하여금 싱가포르 정상회담을 수용하게 만든 가장 근본적인 배경이었던 것은 분명하다. 그러나 2018년 3월 8일 정의용 실장이 트럼프 대통령을 방문해 북한의 비핵화 및 미북 정상회담 의사를 전달한 것도 싱가포르 미북 정상회담을 성사시킨 중요한 요소였다. 싱가포르 회담의 성사에 한국이 중요한 중재 역할을 담당했다는 평가는 타당하다.

싱가포르 회담이 취소됐다가 재개되는 데도 한국의 중재역할이 없지 않았다고 봐야 한다. 2018년 5월 24일 트럼프 대통령이 싱가포르 회담 취소를 발표한 이틀 뒤인 5월 26일 남북 정상은 판문점에서 만났고, 그 회동이 있은 며칠 후 북한의 특사가 미국을 방문해 회담 재개에 대한 트럼프 대통령의 결정을 받아내었기 때문이다. 미북 간의 접촉이 제한된 상황에서 한국 정부가 회담의 재개가 필요하다는 의견을 제시하자 미국 정부가 존중했을 가능성은 높다. 전문가들도 싱가포르 미북 정상회담의 성사에 대해서는 한국이 중재자 역할을 적극적으로 수행했다고 평가하고 있다(박광득, 2018: 54).

대부분의 중재자 역할이 그러하지만 일단 회담이 성사된 이후 한국의 역할이 급격히 축소됐던 것 또한 사실이다. 판문점에서 미북 간 실무협의가 개최됐지만 한국이 관여했거나 미국이나 북한이 한국에게 회담 내용을 상의하거나 제때에 통보해주었다는 증거는 없다. 문재인 대통령의 싱가포르 회담 동참 요구는 거부되어 그는 트럼프 대통령과 김정은 간의 협상을 '기도하는 마음으로' 지켜볼 수밖에 없었다. 북핵 문제에 대한 가장 직접적인 당사자인 한국이 미북 회담의 중재역할을 자임함으로써 한국은 북핵 폐기라는 본질적 사안에 관하여 오히려 소외되는 어려움을 겪게 됐다고 봐야 한다.

## 3
## 하노이 미북 정상회담과 한국 정부의 중재

북한의 비핵화를 위한 하노이 미북 정상회담과 관련해 한국의 중재역할은 활발하지 않았다. 그럼에도 불구하고, 하노이 정상회담은 싱가포르 정상회담의 후속 회담이라는 차원에서 함께 연결해 한국의 중재역할이 어떠했는지를 평가해보고자 한다.

### 1) 회담 성사에 대한 한국의 역할

하노이 회담은 성사 자체가 미국과 북한의 직접적인 의견교환에 의해 가능해졌기 때문에 한국이 중재자 역할을 수행하지는 못했다. 2019년 1월 1일 신년사에서 김정은이 대화를 요청하고, 여기에 트럼프 대통령이 트위터를 통해 화답함으로써 회담이 성사되는 방향으로 일이 진행됐기 때문이다. 통상적인 중재자의 역할이 그러하지만, 싱가포르에서 미북 정상이 만난 이후부터 회담 성사에 관한 사항도 당사자들이 직접 결정하는 형태도 변화된 것이다.

한국 정부가 제2차 미북 정상회담의 필요성을 지속적으로 제기했다고 하여 한국이 중재 역할을 수행했다고 평가받을 수는 없다. 미국과 북한이 자주 활발하게 만나서 의견을 교환하는 것이 유용하다는 것은 한국 정부의 일관된 방침이었지만, 하노이 회담은 미국과 북한이 추가적인 회담이 필요하다고 판단해 성사된 것이기 때문이다. 미국과 북한이 하노이 회담을 결정했을 때 한국은 이를 적극적으로 환영했지만, 중재자 역할을 수행했기 때문에 그랬다고 보기는 어렵다.

## 2) 회담 내용에 관한 한국의 역할

하노이 회담의 성사에 대한 한국의 역할이 제한적이었듯이 하노이 회담의 내용에 관한 한국의 참여도 제한적이었다. 일본의 경우에는 하노이 회담이 결렬될 수도 있다고 판단했지만 한국의 청와대는 회담 결렬을 전혀 인지하지 못했다는 언론 보도도 있었듯이(이하원, 2019: A5) 한국 정부는 하노이 회담이 어떻게 진행될 것인가, 미국과 북한의 입장이 어느 정도 차이가 있는가를 제대로 파악하지 못했다. 한국 정부는 북한의 비핵화와 미국의 제재 완화 사이에 어느 정도 타협이 이뤄질 것이라는 전제하에 3.1절 기념행사에서 '신(新)한반도 체제' 구상을 발표한다고 했다가 협상이 결렬되자 그 내용을 갑

자기 수정해야 했다. 김정은의 서울 답방까지 고려하고 있었다는 언론보도도 있었다(정우성, 2019b, A6). 한국 정부는 미북 간 협상의 개략적인 방향조차 가늠하지 못할 정도로 진행상황을 모르고 있었다. 따라서 한국은 협상 내용에 관해 북한은 물론이고 미국과도 제대로 협의 또는 정보를 공유하지 못했다고 봐야 하고, 따라서 내용과 관련한 중재역할을 수행하지 못한 것으로 평가할 수밖에 없다.

2018년 9월 18~19일 사이에 있었던 제3차 평양 남북 정상회담에서의 합의사항이 하노이 회담의 내용과 일맥상통한 점은 있었다. 당시 남북한 정상은 '평양 공동선언'을 통해 북한은 "동창리 엔진시험장과 미사일 발사대를 유관국 전문가들의 참관하에 우선 영구적으로 폐기"하고, "미국이 6 · 12 북미공동성명의 정신에 따라 상응조치를 취하면 영변 핵시설의 영구적 폐기와 같은 추가적인 조치를 계속 취해나갈 용의가 있음을 표명"했었다. 그러나 하노이 회담에서 미국은 영변 핵시설의 폐기에는 큰 비중을 두지 않은 채 북한에게 핵무기 폐기에 관한 분명한 일정을 제시할 것을 요구했다. 평양 정상회담이 하노이 회담에 큰 영향을 주었다고 보기는 어렵다.

# 4
# 한국의 중재자 역할 평가

## 1) 중재의 개념 측면

북한의 비핵화와 관련한 중재자의 역할은 한국의 문재인 정부가 자청한 것이었다. 문재인 대통령은 2017년 5월 10일 취임하면서 다른 어떤 사항보다 남북관계에서의 변화를 강조했고, 특히 2017년 7월 6일 베를린에서 발표한 '신 한반도 평화비전'을 통해 한반도의 비핵화와 평화정착에 주도적인 역할을 하겠다는 점을 표명했다(고유환, 2018: 127). 이후 '한반도 운전자론'이 언론에 회자됐고, 2018년 4월경부터는 '중재자'라는 용어도 사용되기 시작했다. 시간이 흐를수록 운전자론은 사라지면서 문재인 정부는 중재자, 촉진자, 중간자 등의 용어를 통해 미북 간 비핵화 협상을 성사시키는 데 중점을 두기 시작했고, 미북 정상회담만 개최되면 북핵 문제는 해결된다는 시각을 보였다.

싱가포르 회담과 하노이 회담의 결과를 분석해볼 때 한국이 중재자 역할을 제대로 수행했다고 보기는 어렵다. 싱가포르 회담의 성사에는 적지 않은 기여를 했지만, 싱가포르 회담과 하노이 회담에서의 협상 내용이나 하노이 회담의 성사와 관련해 한국이 기여한 바는 거의 없었기 때문이다. 싱가포르 회담의 성사를 위한 한국의 역할도 중재자보다는 대화촉진자에 가까웠다. 싱가포르 회담이 취소됐다가 번복되는 과정을 보면 대화촉진자로서의 역할이 더욱 선명하게 드러난다.

싱가포르 회담에서 미북 정상이 북한의 비핵화에 관해 진전된 합의를 도출하지 못함으로써 한국이 지향했던 중재 역할은 도전을 받기 시작했다. 비핵화 문제가 진전을 이루려면 북한이 핵무기 폐기에 관해 더욱 진정성 있고 구체적인 양보를 해야 하는데, 그것을 북한에게 요구할 경우 자칫하면 남북한 대화의 채널조차 닫칠 우려가 있어서 한국은 북한에게 필요한 요구사항을 전달하지 못했기 때문이다. 대신 한국 정부는 만만한 미국에게 개성공단이나 금강산 관광 재개 등의 양보를 요청했지만, 이마저 거부당함으로써 북한에게 제시할 카드도 확보하지 못했다. 북한의 비핵화에 관한 미국과 북한의 의미 있는 합의를 중재하겠다는 한국 정부의 의지는 컸지만, 결과는 그에 미치지 못했다.

한국이 중재 역할을 제대로 수행하지 못했던 것은 북핵 문제와 관련해 한국 스스로가 당사자였기 때문이기도 하다. 북한이 보유한 핵무기에 가장 심각하게 위협을 느껴야 하는 국가는 당연히 한국이다. 한국은 북한의 핵무기 폐기를 유도해내야 한다는 점에서 미국과 입장이 같기 때문에 원초적으로 중립의 태도를 가질 수가 없었다. 한국은 미국과 북한 간의 적정한 타협을 중재하기보다는 북한이 핵무기를 폐기하도록 설득해야 하는 입장이었다. 이것은 북한도 알기 때문에 한국은 북한이 한국의 중립성을 의심할까봐 매사에 조심해야했고, 따라서 북한 비핵화와 관련해 책임 있는 언행을 노출하기가 어려웠다. 그러나 이러한 조심성은 미국에게는 불만일 수밖에 없었고, 따라서 미국은 싱가포르 회담과 하노이 회담에서 진행되는 사항을 한국에게 적시적절하게 통보해주지 않은 것이다. 실제로 미국 조야에서는 "한국은 중재자가 아닌 동맹"이라야 한다면서 중재자의 역할에 부정적인 인식을 피력하기도 했다. 한국의 중재자 역할을 긍정적으로 평가했던 중국까지도 나중에는 한국을 의심하는 경향을 보였다 (이성현, 2019: 21).

문재인 정부는 당사자이면서 중재자로서 살얼음을 걷듯 조심스럽게 행동했지만 결국 북한으로부터 원색적인 비판을 받게 되면서 중재자로서의 위상을 상실하게 됐다. 북한의 김정은은 2019년 4월 11일 시정연설에서 남한에 대해 "오지랖 넓은 '중재자', '촉진자' 행세를 할 것이 아니라… 민족의 이익을 옹호하는 당사자가 되어야 한다"고 비난하면서 모든 남북한 접촉을 차단했다. 6월 27일 북한의 권정근 외무성 미국국장은 미국과 북한의 대화는 "남조선 당국이 참견할 문제가 전혀 아니다"라면서 남한 정부가 "제 집의 일이나 똑바로 챙기는 것이 좋을 것"이라고 비꼬기도 했다. 남한은 국내의 비판을 무릅쓰면서 북한에게 쌀 5만 톤을 지원하려 했으나 이마저 거부당하고 말았고, 북한은 계속적으로 미사일을 시험발사하면서 남한을 조롱했다. 북한은 남한에게 금강산 관광시설을 철거해가라고 일방적으로 통보하기도 했고, 그럼에도 불구하고 문재인 정부는 개별관광을 추진하겠다는 입장이지만 북한의 관심은 끌지 못하고 있다. 결국 북한의 비핵화에 관해 문재인 정부가 자청한 중재자 역할은 남한의 위상과 체면만 손상시킨 채 종료됐고, 그 잔상으로 인해 한국은 남북관계를 어떻게 관리해 나가야 할 것인지에 대한 분명한 방향마저 상실한 상태가 되고 말았다.

### 2) 중재자의 요건 측면

중재가 성립하려면 기본적으로 협상의 당사자들이 중재자의 존재와 역할에 동의해야 하는데, 초기에 미국과 북한은 한국의 중재자 역할을 어느 정도 인정했다. 2018년 3월 북한의 김정은은 정의용 안보실장을 통해 미국 트럼프 대통령에게 비핵화를 협의하기 위한 미북 정상회담 제안을 전달해 주도록 요청했고, 미국의 트럼프 대통령도 이 전달을 받은 후 정상회담 개최를 결정했다. 미북 정상회담의 물꼬를 튼 것은 분명 한국 정부의 중재역할이었다. 특히 문재인 대통령은 2018년 4월 27일 판문점에서 북한과 '완전한 비핵화'에 합의함으로써 대내외적으로 중재 역할을 부각시킬 수 있었다.

그러나 싱가포르 정상회담이 결정된 이후부터 미국은 폼페이오 국무장관을 북한으로 파견해 협상의 조건을 직접 협의함으로써 한국의 중재 역할에 의존하지 않으려는 모습을 보이기 시작했다. 이것은 북한도 마찬가지여서 남북관계 진전에 관한 일반적인 사항은 남한과 논의하되 핵무기 폐기에 관한 사항은 미국과 논의하려는 모습을 보였다. 비록 트럼프 대통령이 싱가포르 회담을 취소하자 김정은이 판문점에서 문재인 대통령을 만나서 중재 역할을 요청하기는 했지만, 이것은 회담의 성사에 국한됐다. 그 이후 싱가포르 회담, 하노이 회담의 진행 과정 어디에서도 문재인 대통령의 중재 역할은 요청되거나 드러나지 않았다.

중재이론에서 중재자가 보유해야 할 조건으로 제시하고 있는 '협상에 관한 전문지식' '중립적인 자세' '공정성의 확보' '창조적 대안 제시'의 측면에서 평가해볼 경우에도 한국은 충분한 중재자 요건을 갖추지는 못했다. 한국 정부가 신중하면서도 조심스러운 언행을 일관되게 유지했다는 점에서 협상에 관한 지식도 구비했다고 볼 수 있고, 당사자이면서도 미국이나 북한 어느 쪽으로도 경도되지 않은 채 중립적인 태도를 유지하면서 공정성을 보장하고자 했다고 평가할 수 있다. 다만, 중재자로서 가장 결정적인 조건이라고 할 수 있는 '창조적 대안 제시'의 측면에서 한국 정부가 노력했거나 실천한 사항은 많지 않았다. 문재인 정부는 북한의 비핵화를 유도하기 위한 나름대로의 창조적 대안을 제시하기보다는 북한이 선의에 근거해 핵무기 폐기의 용단을 내려줄 것을 촉구하는 모습을 보였고, 미국에 대해서도 개성공단이나 금강산 관광재개를 비롯해 미국이 수용하기 어려운 제재 완화만을 촉구하는 모습을 보였다. 북한이 핵무기를 폐기하겠다는 분명한 결정을 내리지 않은 상태에서 창조적 대안을 제시하는 것 자체가 불가능한 측면도 없지 않다.

### 3) 중재의 성과 측면

중재의 역할이 제한적이었다고 하더라도 협상의 대상이었던 사안이 타결됐다면 중재가 어느 정도 성공한 것으로 평가받을 수 있겠지만 싱가포르와 하노이에서 북한의 핵무기 폐기에 관해 진전된 합의나 조치가 없었기 때문에 한국의 중재가 성공적인 결과를 가져왔다고 평가할 수는 없다. 두 차례의 미북 정상회담을 통해 입증된 것은 '비핵화'가 그들 핵무기를 폐기하는 것이 아니라 북한이 전통적으로 주장해온 '조선반도 비핵화'였다라는 사실이었기 때문이다. 북한은 핵무기를 폐기하기는커녕 생산을 계속했고, 이제는 사실상의 핵보유국으로 인정받는 분위기이다. 이제 북한은 그들이 싱가포르 회담에서 합의한 것은 주한미군과 핵우산의 철폐 즉 '조선반도 비핵화'였다고 분명하게 주장하고 있다. 다시 말하면 한국이 중재 역할을 자임한 사안은 북한의 핵무기 폐기인데, 이 사안은 해결은커녕 원점으로 회귀하고 있고, 그렇다면 그동안 한국 정부가 노력해온 중재 역할도 실패했다고 평가할 수밖에 없다. 싱가포르 회담에서는 어떤 식으로든 합의가 도출됐다는 점에서 한국의 중재 노력이 다소의 성과를 거둔 것으로 평가할 수는 있겠지만, '완전한 비핵화'라는 용어는 2018년 4월 남북 간의 판문점 선언에서 이미 합의한 것이라서 싱가포르 회담의 성과로 보기는 어렵다.

중재 과정에서의 성공을 평가하는 데 있어서 핵심적인 요소는 중재 역할에 대한 당사자들의 만족도라고 할 수 있는데, 초기에 미국과 북한은 한국의 중재 역할을 다소 인정하는 편이었으나 시간이 지날수록 그 인정의 정도는 줄어들었다. 북한은 말할 필요도 없고 미국조차 회담의 개최 여부나 회담에 관한 구체적인 사안을 한국 정부와 미리 협의하지도 않았을 뿐만 아니라 사후에 제대로 통보해주지도 않았다. 특히 북한은 2019년 4월 11일 시정연설을 통해 한국 정부의 중재자나 촉진자 역할을 원색적으로 비난하면서 남북 협력은 물론이고 접촉 자체를 차단하고 말았다. 그 이유는 다양하게 분석할 수 있겠지만, 한국의 중재 역할이 당사자를 만족시키지 못한 것은 분명하다.

중재 과정에서의 성공을 평가하기 위한 다른 중요한 요소인 효과성 즉 한국의 중재 노력이 최종적인 타결에 어느 정도 기여했느냐라는 측면을 적용해봐도 한국 정부의 중재 역할이 성공적이었다고 평가하기는 어렵다. 미국과 북한 간의 협상이 정체됐을 때 그 타결을 위해 한국이 주도적으로 제시한 방안은 없었고, 한국의 중재 역할에 대한 미국이나 북한의 평가도 긍정적이지 않았기 때문이다. 하노이 회담의 성과나 협상전략을 분석하는 논문에서도 한국의 역할은 거의 언급되고 있지 않다(정한범, 2019; 민정훈, 2019; 안미영, 2019). 북한의 핵무기 폐기를 위해서는 김정은이 그를 위한 전략적 결단을 내리도록 해야 하는데, 한국 정부는 그의 기분을 살피는 데 치중했을 뿐 한마디도 요구하지 못했고, 만만하다고 생각하는 미국의 양보만 촉구하는 모습이었다. 미국이 아무리 양보해도 북한이 핵무기를 폐기하지 않으면 북한의 비핵화는 진전되지 않는다. 따라서 한국 정부의 중재 역할은 미국이나 북한 모두에게도 유용하게 평가되지 못했고, 결국 한국 정부는 세계의 다른 국가와 마찬가지로 미국과 북한의 싱가포르 회담이나 하노이 회담 결과를 지켜보기만 한 것이다.

# 5
# 결론

문재인 정부는 자신의 국내 및 국제적 위상이 손상받을 수 있는 위험을 감수하면서도 당사자가 아니라 중재자 또는 대화촉진자라는 역할을 자원해 어떻게든 북한의 핵무기 폐기를 유도하고자 노력했다. 이러한 역할은 2018년 판문점 남북 정상회담과 싱가포르 미북 정상회담까지는 어느 정도 효과를 발휘하기도 했다. 그러나 결과로 보면 한국의 중재자 역할은 북한의 핵무기 폐기를 위한 실질적인 조치로 연결되지 못했다. 특히 2019년 하노이 미북 정상회담이 결렬됨으로써 북한 비핵화에 관한 그동안의 모든 성과가 무산됐고, 중재자 역할의 잔상으로 인해 북핵과 관련해 아무것도 하지 않거나 할 수 없는 상황에 처하고 말았다.

이론에 근거해 싱가포르 회담과 하노이 회담에서 한국이 수행한 중재 역할을 평가해볼 때 한국의 중재 역할은 싱가포르 회담의 초기에만 다소 의미 있는 것으로 드러났을 뿐 두 회담의 전반에 걸쳐서 그 정도가 미미했다. 한국은 북한의 핵무기에 가장 직접적으로 위협을 받는 국가라서 중재역할을 수행할 수 없는 상황인데 중재역할을 자원한 것이다. 결국 제3자로서의 독립성이 중요시되는 중재자의 개념에 부합되지 않아서 미국과 북한 모두에게 중재자로서 인정받지도 못했고, 두 회담의 결과나 과정 모두에서 기여한 바가 크지 않았다. 한국의 중재자 역할은 한국 스스로의 의지 표명이었을 뿐 실제는 아니었다고 봐야 한다.

이제 한국은 중재자로서의 역할이 가능하지도 않을 뿐만 아니라 성과를 낼 수도 없다는 점을 냉정하게 인식하면서 당사자로서의 역할로 복귀해야 한다. 북한의 핵무기로부터 가장 심각한 위협을 받고 있는 당사국으로서 한국은 자위권(right of self-defense)을 발휘해야 한다. 북한의 핵무기 폐기를 적극적으로 요구 및 압박해야 할 것이고, 오히려 이에 대한 미국의 적극적인 협력과 동참을 획득하고자 노력해야 한다. 유엔 및 미국의 경제적 압박에 적극적으로 협력해야 할 것이고, 상황이 악화될 경우를 대비한 군사적 옵션도 준비하며, 이러한 사항을 미국과 적극적으로 협의할 수 있어야 한다.

당연히 북한의 선의를 기대하면서 남북관계에서 지나치게 굴종적인 자세를 갖지 않고자 노력할 필요가 있다. 지금까지 한국은 중재자로서 어떻게든 성과를 달성하고자 그러한 태도를 선택한 것으로 이해되지만, 그러한 굴종적 태도로는 북한의 핵무기 폐기를 유도할 수 없다. 이제 한국은 북한의 핵무기 폐기와 관련해 북한에게 요구하거나 항의할 것이 있으면 분명하게 그렇게 함으로서 북한에게 한국도 중요한 당사자라는 점을 인식시키고, 한국과 협력하는 것이 미국과 직접 협상하는 것보다 더욱 효과적일 수 있다고 믿도록 만들어야 한다. 문재인 정부는 남북관계 특히 북핵문제 해결과 관련해 나름대로의 원칙을 정립하고, 그에 근거해 단호하게 대응할 것은 단호하게 대응하면서 양보할 것은 양보하는 분명한 자세를 보일 필요가 있다.

나아가 한국은 외교적 노력을 통한 북핵 폐기가 불가능해질 수도 있다는 가정 하에 최악의 상황에 대비한 '플랜 B'도 적극적으로 수립해 대책을 강구하지 않을 수 없다. 정부는 유사시 미국의 확장억제가 확실하게 보장되도록 양국 국방부 간의 '확장억제 전략위원회'를 적극 가동해 세부적인 사항을 협조하도록 하고, 상황 악화 시 미국의 전략자산들이 한반도로 적극 전개하여 북한을 억제시키도록 미국과 협의하며, 북한이 계속 호전적인 태도를 보일 경우 미국의 핵무기를 한반도나 주변에 배치하는 방안도 검토할 필요가 있다. 적절한 선제타격력과 탄도미사일방어력 구비는 물론이고, 국민들의 대피를 위한 조치도 강구해 나가야 할 것이다. 한국이 이렇게 만반의 대비를 갖출 경우 북한은 핵무기의 위협이나 사용을 통한 남한 압박이나 정복이 불가능하다고 판단할 수 있고, 그러할 때 진정으로 핵무기를 폐기하겠다는 결정에 이를 수 있다.

# 제6장
# 오류의 개입

북한의 핵무기를 외교적으로 폐기하기 위한 한국의 노력이 성과를 달성하지 못한 원인은 다양하게 분석될 수 있다. 북한의 핵 보유 의지가 강할 뿐만 아니라 북한 체제의 비합리성이 워낙 커서 어떤 협상도 먹혀들지 않았을 수 있다. 북한과의 비핵화 협상에 나선 미국 트럼프 대통령의 예측 불가능성도 크고, '신냉전'이라고도 불리듯이 강대국 간 대결구도로 국제정세 변화하면서 타협이 어려운 상황이 되기도 했다. 다양한 이유가 있겠지만 한국 국민들도 북핵을 심각하게 생각하지 않아서 북한에 대한 압박이나 강경책을 사용하기 어려워 유화적으로 접근해야 하는 여건이기도 했다.

그럼에도 불구하고 북핵 폐기를 위한 노력이 성공하지 못한 더욱 근본적이면서 참담한 원인은 북핵에 대한 정부의 심각한 오류일 수 있다. 인정하기 싫은 불편한 진실이지만, 정부의 책임 있는 인사들이 북한의 핵무기 개발 의도, 북한이 사용하는 비핵화의 의미, 북한이 협상에 나서는 동기 등을 있는 그대로가 아니라 믿고 싶은 대로 믿고자 했고, 그래서 전혀 효과가 없는 방식으로 접근했기 때문일 수 있다. 누구도 내켜하지 않겠지만, 냉정한 자기 반성이 필요한 상황일 수 있다.

# 1
# 오인식, 확증편향, 그리고 집단사고

## 1) 오인식

실제와 다르게 이해하는 것을 일반적으로는 오해(Misunder-standing)라고 하지만, 너무나 일반적이고 광범위하게 사용되어 학문적으로 사용하기에 적절한 용어는 아니다. 저비스(Robert Jervis)와 같은 학자가 국제적 결정의 상당한 부분을 좌우하는 보편적인 현상이라고 강조하고 있듯이(Jervis, 1976: 3-5) 서양에서는 Misperception이라는 개념이 일상적인 오해의 의미로 이론적 논의에 사용되고 있다. Misperception을 몰이해(沒理解), 오판(誤判)으로도 번역하지만, 오인식(誤認識)이라는 새로운 용어를 만들어 사용한 사례가 있는데(윤민우, 2015: 309~334), 필자는 후자를 따르고자 한다.

오인식은 실제로 존재하는 세상과 사람이 인식하는 세상 사이의 격차(Euelfer and Dyson, 2011: 75), 또는 실제 세상이 운영되어가는 환경과 정책결정자가 심리적으로 인식하는 환경의 불일치이다(Levy, 1983: 79). 어떤 현상을 있는 그대로가 아니라 인간의 마음에 따라 다르게 보는 것을 말한다. 오인식은 인간 모두는 각자가 갖는 기존의 인식이나 관념에 근거해 정보를 선택적으로 해석 및 수용하기 때문에 동일한 세상이라도 개인에 따라 다르게 볼 수 있고, 국가의 주요 정책을 결정하는 사람도 예외는 아니라는 시각에 기초하고 있다.

다양하면서도 불확실한 인간사회의 본질은 도처에서 오인식을 발생시키고 있는데, 국제정치도 예외가 아니다. 국제정세의 경우 유동성과 불확실성이 더욱 커서 어떤 조직이나 개인이 그 본질을 파악하는 것이 더욱 어렵고, 따라서 오인식이 발생할 개연성은 더욱 크다. 위기가 발생해 시간이 제한되는 긴박한 상황에서 결정을 내려야 하는 경우에는 오인식이 더욱 쉽게 발생할 수 있다. 이러한 오인식의 존재를 알아서 의도적으로 줄이고자 하지 않을 경우 국제적인 결정이 잘못될 가능성이 커진다. 국제사회의 상황이 복잡할수록 오인식의 개연성은 커지고, 보편적인 현상이 된다(Euelfer and Dyson, 2011: 76).

국가의 명운을 좌우하는 중대사인 전쟁의 발발도 오인식에 기인하는 경우가 많다고 분석되고 있다. 전쟁의 원인을 열정적으로 연구한 스퇴싱어(John G. Stoessinger)는 제1차 세계대전, 제2차 세계대전, 한국전쟁, 베트남 전쟁 등 주요전쟁의 발발원인을 중점적으로 연구한 후 가장 중요한 하나의 전쟁유발 요소를 선택하라면 '오인식'이라고 주장하고 있다(Stoessinger, 2011: 402). 그에 의하면 전쟁은 오인식에 의해 발생하는 '사고'이고, 전쟁이라는 행위는 '오인식에서 현실로' 유도되어 가는 과정이다(Stoessinger, 2011: 411). 한국전쟁도 미국이 참전하지 않을 것이라는 소련의 오인식이 결정적인 발발원인이었다고 분석되고 있다(Park, 1993). 2003년의 이라크전쟁도 미국이 군사적 행동에 나설 가능성이 낮다고 사담 후세인이 오인식함으로써 미국의 외교적 해결 요구를 거부했고, 결국 미국으로 하여금 전쟁을 선택하도록 만들었다고 분석된다(Euelfer and Dyson, 2011: 73-100).

현대에 들어서 민주주의가 발달함으로써 정치지도자의 오인식이 발생할 가능성은 더욱 커지고 있다. 국민의 표를 많이 확보하는 사람이 지도자로 선발되는 체제라서 국제정치나 안보문제에 관해 충분한 지식을 갖지 못한 사람이 국가지도자가 될 수 있고, 그들은 제한된 임기 내에 어떤 성과를 부각시키고자 단기적으로 접근해 제반 사항을 단순하게 판단할 가능성이 크기 때문이다. 엘리슨(Graham T. Allison)은 케네디(John F. Kennedy) 행정부의 1962년 쿠바 사태 처리 과정을 연구하고 나서 현대의 정부들이 주어진 상황에서 최선의 대안을 선택할 확률은 10% 정도에 불과하고, 특별하게 높아져도 50%를 넘지 못할 것이라고 단정하고 있다(Allison, 1971: 267). 또한 민주주의 국가에서는 국민여론이 국가의 정책결정에 미치는 영향이 클 수밖에 없는데, 국민들도 국제관계를 충분하게 이해한다고 볼 수 없고, 따라서 오인식에 영향을 받은 국민여론이 형성될 가능성이 적지 않다.

### 2) 확증편향

확증편향은 1960년 영국 심리학자 왓슨(Peter Wasson)이 처음 제시했는데, 심리학 분야에서 주로 사용되지만 다른 사회과학 분야에도 확산되어 사용되고 있다. 이것은 "보유하고 있는 기존의 신념, 기대, 가정에 편향되는 방법으로 증거를 찾거나 해석하는 것"으로서, 최근에 사회의 제반 문제와 관련해 빈번하게 사용되고 있는 개념이다(Nickerson, 1998: 175). 이것은 처음에는 확실하지 않더라도 시간이 지나면서 점점 확실한 것으로 인식하게 되거나 처음에 믿게 된 내용을 그대로 유지하거나 강화하고자 하는 인간의 성향을 설명하고 있다. 확증편향에 빠지면 "현재의 신념이나 대안(결과정보 포함)과 일치하는 정보만을 주로 탐색"하게 되어(이양구, 2010: 255) 결국 실제와 다른 내용을 믿어서 잘못된 결정에 이르게 된다.

확증편향 역시 인간의 본성 중 한 부분이라고 할 정도로 보편적이다. 대부분의 사람들은 자신이 한번 옳다고 믿게 되면 그런 상태가 지속되기를 바랄 것이기 때문이다. 대부분의 사람들은 어떤 내용을 반복해 듣게 되면 진실 여부와 상관없이 신념으로 전환되는 경향이 있고, 그것을 번복할 수 있는 매우 설득력이 강한 증거가 제시되지 않는 한 기존의 믿는 것을 유지하고자 한다. 시간이 흐를수록 최초에 생각했던 바에 대한 신념이 강해지면서 그렇지 않다는 증거가 나타나도 부정하게 된다(이예경, 2012: 6). 확증편향은 모든 사람들에게 존재하는 것은 물론이고 그것에 빠져 있는 지도 의식하기 어렵기 때문에(이예경, 2012: 4) 의도적으로 예방하거나 제거하려고 노력하지 않을 경우 심각한 지경에 이를 수도 있다.

현대에 들어서 온라인 등을 비롯해 뉴스 전달의 방법이 다양화 및 보편화됨으로써 확증편향은 더욱 심각해지고 있다. 온라인에서는 중립적인 메시지에 비해서 정서를 자극하는 감성적인 메시지가 더욱 신속하게 확산되는 경향이 있고, 그만큼 확증편향에 취약하기 때문이다(김미경, 2019: 33-34). 잘못된 가짜뉴스도 지속적으로 유포되면 확증편향을 야기한다고 한다(김미경, 2019: 10-11). 따라서 진실이든 거짓이든 어떤 사안이 전파되면 그것은 확증편향을 야기 및 강화하게 되고, 그로 인해 점점 진실로 변화하게 된다.

확증편향을 제거하거나 예방하기 위한 노력도 다양하게 제안되고 있는데, 최우선적인 조치는 당연히 확증편향의 존재와 그의 해악을 인식하는 것이다. 또한 의사결정자로 하여금 상대방의 입장에서 생각하도록 만들거나, 객관적인 결정을 위한 책임감을 강화시키거나, 다수의 인원들이 충분하게 토론하도록 하는 등의 조치도 추천된다(이예경, 2012: 7-12). 의사결정자에게 그가 내린 결정에 대한 이유를 분명하게 설명하도록 요구하는 것도 확증편향의 감소에 유용하다(이양구, 2010: 258). '악마의 변호인(Devil's Advocate)'이라는 개념에서 제시되고 있듯이 확증편향에 의한 오류를 감소시키고자 어떤 사람을 지정해 의도적으로 반대의견을 제시하도록 부탁함으로써 확증편향에서 벗어나고자 노력하기도 한다(이양구, 2010: 257).

### 3) 집단사고

집단사고(集團思考, Groupthink)는 특정 집단이 어떤 특정한 인식에 매몰됨으로써 올바른 결정을 내리지 못한다는 문제의식에서 비롯된 이론으로 제니스(Irving L. Janis)가 창안했다. 어떤 내용이 특정 집단의 정책이나 방향으로 정해지면 모두가 그것을 추종하게 되면서 균형감각을 상실하게 되고, 그 외의 정책이나 방향은 인정하지 않게 되며, 그 결과 정책적인 '대실패(Fiasco)'를 초래하게 된다는 주장이다(Janis, 1982: 1). 어떤 집단의 구성원들이 집단사고에 빠지면 특정 정책이나 방향으로 인해 수반되는 위험도 고려하지 않게 되고, 추가적인 정보를 획득하는 노력도 등한시하게 되며, 실패 시를 대비한 예비계획을 수립하지도 않게 된다(Janis, 1982: 244).

제니스는 미국 정부가 내린 몇 가지 국가안보 차원의 결정을 대상으로 집단사고의 존재를 검증했다. 그는 1961년 미국이 실패한 피그만(Bay of Pig) 침공, 미국의 한국전 참전 결정, 미국의 진주만 기습 허용, 베트남 전쟁의 실패, 쿠바 미사일 위기 초래, 제2차 세계대전 종전 후 마셜 플랜 결정 과정을 사례로 분석한 후 집단사고가 상당할 정도로 작용했다고 평가하고 있다. 제니스는 집단사고의 구체적인 증상까지 제시하고 있는데, 그것은 〈표 1〉에 표시되어 있는 세 가지 형태와 여덟 가지 증상이다.

집단사고의 개념에 대한 공감대는 작지 않지만 이의 이론적 타당성에 대해서는 적지 않은 비판이 제기되어 왔다. 제니스가 제시한 집단사고의 사례를 점검해본 후 부분적으로 타당한 것을 일반화했다거나, 집단사고의 전제라고 할 수 있는 집단응집성을 변수로 삼은 것이 잘못됐다거나, 리더의 결정에 구성원들이 순종한 것을 집단사고로 규정하는 것이 잘못됐다는 등의 지적이다(자오페이, 2010: 61; 김홍회, 2000: 3-7). 그럼에도 불구하고, 정부를 비롯한 어떤 조직의 실패 원인을 규명할 수 있는 하나의 도구로서 집단사고라는 개념은 넓게 사용되고 있다(자오페이 · 이창신, 2017: 113~154). 실패한 정책을 분석하거나 차후에 유사한 실패를 예방할 수 있는 대책을 모색하는 데

〈표 1〉 집단사고의 일반적 증상

| 형태 | 증상 |
| --- | --- |
| 집단자체의 힘과 도덕성을 과대평가 (Overestimations of the group-its power and morality) | ① 틀릴 리가 없다는 구성원들의 환상 |
| | ② 집단의 원초적 도덕성에 대한 확고한 신념 |
| 닫힌 마음 (Closed-mindedness) | ③ 어떤 경고를 포함해 기존 정책의 재고를 요구하는 정보를 평가절하함으로써 합리화하려는 집단적인 노력 |
| | ④ 상대를 매우 사악하거나 어리석은 것으로 획일적으로 생각하려는 견해 |
| 통일성을 향한 압력 (Pressures toward uniformity) | ⑤ 집단의 공감대를 강조하면서 이탈하는 것에 대해서는 자체적으로 검열 |
| | ⑥ 대다수의 견해가 만장일치의 결과인 것으로 생각하려는 구성원들의 공통적 환상 |
| | ⑦ 집단의 견해에 반대하는 것을 충성스럽지 못한 것으로 규정해 구성원들을 직접적으로 압박 |
| | ⑧ 집단을 보호하기 위해 내려진 결정의 효과성이나 도덕성을 훼손시키지 않으려는 자체적인 보호심리 등장 |

출처: Janis, 1982: 174-175.

집단사고가 유용한 개념이기 때문이다(Hart, 1990; Schafer and Crichlow, 2010). 그의 존재와 작용이 확실하게 입증된 것은 아니라고 하더라도 집단사고가 조직 차원에서 내려지는 비이성적이거나 비합리적인 결정을 설명하는 데 사용될 수 있는 도구의 하나인 것은 분명하다고 할 것이다.

한국에서도 집단사고를 적용한 분석 결과가 적지 않았다. 김홍희는 1997년 한국이 국제통화기금(IMF)으로부터 구제금융을 받게 되는 상황으로 악화되어 가는 과정을 집단사고를 적용해 연구한 후,

한국 사회의 동질적 문화, 합리성의 미흡, 권위주의적인 지도체제, 외부환경의 급변 등으로 한국의 제반 정책결정에서는 집단사고가 쉽게 발생한다고 진단하고 있다(김홍회, 2000: 56). 2003년 노무현 정부가 출범하면서 '군사주권 회복' 차원에서 제기한 전시 작전통제권 환수도 자주권 회복과 북한의 전쟁도발은 없을 것이라는 당시 정권 수뇌부의 집단사고가 작용한 결과라는 분석도 존재한다(김명수, 2010: 140-141; 박상중, 2013: 127). 과학 분야에서도 방법론을 지나치게 중요시하는 집단사고를 우려하는 분석이 발표된 바 있다(김웅진, 2013: 45-60).

집단사고에 대해서는 비판도 없지 않지만, 다수의 인원들이 다소 폐쇄된 형태로 의사결정을 내릴 경우 야기될 수 있는 위험을 줄이기 위한 도구로서 유용성이 있는 것은 분명하다. 집단사고는 체제의 권위와 폐쇄성이 큰 한국 사회에서 내려지는 제반 결정에 관한 비합리성의 진단과 교훈의 도출에 유용성이 적지 않다.

## 2
## 안보사안에서의 오류의 적용 사례

한국의 경우 안보관련 사안에서 오류가 발생할 개연성이 적지 않다. 비밀을 이유로 국방부 등 소관부서에서 관련된 사항을 모두 공개하지 않아서 정확한 정보가 유통되지 않을 수 있고, 남북대치 상황으로 인해 사실보다는 이념을 기준으로 현상을 진단하는 경향도 적지 않기 때문이다. 그중에서 상당히 지속적인 영향을 가졌던 대표적인 사례는 미군의 사드(THAAD)를 한국에 배치하는 문제와 일본과의 군사정보보호협정(지소미아, GSOMIA: General Security of Military Information Agreement)이었다. 이들에 관한 오인식, 확증편향, 집단사고를 살펴보면 다음과 같다.

### 1) 사드 배치의 사례

한국에서는 2014년부터 2017년 사이에 주한미군의 탄도미사일방어(BMD: Ballistic Missile Defense)를 위한 핵심장비인 사드(THAAD: Terminal Hight Altitude Area Defense) 배치를 둘러싸고 치열한 논쟁이 전개됐다. 북한의 핵실험 및 미사일 시험발사가 지속되자 2017년 결국 사드를 경북 성주지역에 배치했지만, 아직도 일부 주민들이 통행로를 막고 있어서 기지가 제대로 가동되지 못하고 있다. 특히 사드가 자국 안보에 위해를 끼칠 수 있다면서 중국이 노골적으로 반대했을 뿐만 아니라 음성적인 무역제재까지 가하기도 했다. 자국군과 동맹국 보호를 위한 당연한 조치를 한국이 적극적으로 수용하지 않을 뿐만 안라 한국이 동맹국인 미국보다 중국의 의견을 더욱 중시한다면서 미국이 불만을 제기하게 됐다. 사드를 둘러싼 논란이 단순한 장비의 배치 여부가 아니라 국제정치적인 함의를 갖는 사안으로 격상된 것이다.

불편한 진실이고 반대하는 사람들은 아직도 인정하지 않겠지만 사드를 둘러싼 논쟁의 대부분은 루머와 오해에 의한 것이다. 사드를 둘러싸고 발생한 논쟁에서 가장 먼저 제기된 의문은 사드가 한국에 배치되면 미국을 공격하는 중국의 대륙간탄도탄(ICBM)을 요격할 수 있고, 그렇게 되면 중국의 핵억제태세가 근본적으로 위협받으며, 그래서 중국은 사드를 제거하는 등 극단적으로 반응하게 될 것이고, 결국 한국은 미중 간의 충돌무대로 변모하게 된다는 주장이었다. 일부 인사가 미국의 럼스펠드 장관 시절에 고유명사로 잠시 사용한 적이 있으나 곧 폐기된 'MD(Missile Defense)'를 미국의 범세계적인 탄도미사일방어망으로 잘못 인식한 상태에서, "중국은 미국의 한국 내 MD 배치를 동북아의 화약고인 한반도에 미국이 위험한 인화물질을 갖다 놓는 것으로 여긴다"(정욱식, 2014a)라고 주장했다. 이 주장은 진보성향의 언론을 통해 삽시간에 확산됐고, 사드에 관한 기초지식조차 없는 대부분의 국민들에게 사실로 인식됐다. 당연히 그렇지 않다는 전문가들의 반박이 후속됐으나 최초의 인식은 쉽게 수정되지 않았다.

사드가 중국이 미국을 향해 발사하는 ICBM을 요격할 수 있다는 주장은 완전한 루머이고, 믿고 있다면 오인식이다. 종말단계(Terminal)라는 사드(THAAD)의 첫 글자에서 제시되고 있듯이 사드는 자신을 향해 공격해오는 상대의 탄도미사일은 요격할 수 있지만 다른 목표를 향해 비행해 나가는 탄도미사일은 요격할 수 없다. 사드의 속도가 마하 8 정도에 불과하기 때문에 마하 20정도에 달하는 ICBM을 따라가서 파괴할 수는 없기 때문이다. 또한 중국의 ICBM은 1,000km 이상의 고도로 비행하는 데 비해 사드의 사거리는 200km, 고도는 150km 정도에 불과해 요격 자체가 불가능하고, 중국의 ICBM은 시베리아와 알래스카 상공을 경유하지 한국 상공을 경유하지 않는다.

사드 미사일의 성능이 점점 공개되면서 ICBM 요격이 어려운 것으로 드러나자 사드의 눈에 해당되는 'X-밴드' 레이더(AN/TPY-2)가 중국의 모든 군사활동을 탐지할 수 있어 중국이 민감할 수밖에 없다는 주장으로 변질됐다. 그 레이더는 "유효 탐지 반경이 1,000km에 달해 오산공군기지에 배치되면 중국 동부의 군사 활동까지 들여다볼 수 있다"는 주장이었다(정욱식, 2014b). 그러나 이 또한 루머이고, 믿고 있다면 오인식이다. 레이더의 통상적인 운영거리는 600여 km이고,

인공위성 등으로부터 발사정보를 받아 공중에서 '추적'하는 용도로 사용될 뿐이다. 레이더는 CCTV처럼 영상으로 관측하는 것이 아니라 점으로 나타난 물체의 정보를 해석해 파악하기 때문에 주변의 다른 군사활동을 탐지할 수 없다. 이 레이더를 전방모드(Forward Mode)로 전환하면 탐지 거리가 다소 연장되겠지만, 그런 만큼 좁은 각도의 범위만 탐지하게 된다. 또한 중국의 ICBM은 내륙 깊숙한 곳에 있어서 사드 레이더의 탐지범위를 훨씬 벗어나고, 지구곡률은 물론이고, 산악에 차단되지 않으려면 각도를 높여서 레이더 빔을 방사해야 하는 한국의 여건을 고려할 때 장거리 탐지는 사실상 불가능하다.

위 두 가지 주장이 점점 설득력을 잃어가자 사드의 성능이 제대로 검증되지 않았다거나 전개비용을 한국이 부담해야 한다는 주장도 제기됐다. 그러나 이들 또한 전혀 근거가 없는 루머이고, 믿고 있다면 오인식이다. 사드는 공기가 별로 없는 고공에서 요격하기 때문에 정확성이 무척 높고, 1987년 최초 구상됐을 정도로 오랜 시간에 걸쳐서 개발되어 신뢰성이 충분이 입증됐기 때문에 실전에 배치된 것이다. 미군은 현재 7개 포대를 획득해 한국과 괌에 2개 포대를 배치해둔 상태이고, 아랍에미리트가 2개 포대를 구매했으며, 사우디아라비아도 수개의 포대를 구매하는 것으로 결정했다. 비용에 관한 주장은 더욱 명확한 루머로서, 2017년 사드를 성주지역의 기지에 배치한 이래 한국군이 이를 위한 비용을 지불한 사례가 없다.

성주 주민들의 적극적인 반대를 촉발한 핵심적인 주장은 사드 레이더에서 인체에 매우 유해한 전자파가 방사된다는 것이었는데, 이 또한 루머이고, 믿고 있다면 오인식이다. 우선 운영하는 자국 군인들에게 유해한 무기를 제작할 군대는 없고, 실제로 전자파가 루머에서 말하는 것처럼 그렇게 세개 방사되는 것도 아니다. 2016년 7월 18일 다수의 한국 기자들이 괌에 배치된 사드 레이더의 전자파를 측정한 결과 기준치의 0.007%에 불과한 것으로 드러났다. 2017년 8월 한국 환경부에서 성주 기지에 배치된 사드를 대상으로 측정했는데, 100미터 이격된 지점에서 0.01659W/$m^2$(인체노출 허용치 10W/$m^2$)로 나와서 허용치의 1/600에 불과했다. 전자파의 유해성에 대한 루머를 확산시킨 사람들은 불신을 조장하기 위한 의도였지만, 생명을 위협한다는 말이 주민들에게 강하게 각인됐고, 성주지역 주민들의 집단적 반대로 연결되어 사드 기지의 가동을 계속 어렵게 만들고 있는 것이다.

심각한 문제는 사드에 관한 오인식이 확증편향으로 고정되면서 6년이 지난 지금까지도 계속되고 있다는 사실이다. 사드 배치에 관한 논란이 발생했을 때부터 다수의 전문가들이 위에서 설명한 것처럼 모든 주장이 루머로서 중국에게 피해를 주거나 인체에 유해한 것도 아니라고 설명했지만 한번 루머에 노출된 사람들은 생각을 바꾸지 않았다. 일부 인사들은 아직도 반대운동을 하면서 사드 기지의 통행로를 차단하고 있을 뿐만 아니라 2020년 2월 미국에서 발사대와 포대를 분리하는 등 사드 장비와 운영방법을 일부 개량하려 한다는 사실이 보도되자 반대단체들은 또다시 일제히 극렬한 반대시위에 나서기도 했다. 상당수 국민들이 아직도 전 세계에 명명백백하게 과학적이고 공개된 사드의 성능을 제대로 믿지 않고, 초기 루머에 의해 유포된 바를 신뢰하고 있는 것이다.

국가적으로 더욱 심각한 문제는 일부 국민 특히 문재인 정부 인사들에게 견고하게 형성된 집단사고이다. 아직도 국민들의 상당수는 사드라는 말을 꺼내기 어려울 정도로 사드에 관한 강력한 편견을 갖고 있고, 정부의 주요 인사들도 사드배치 반대론자들의 주장을 반박하지 않는 것이다. 불법적인 주민들의 통행로 차단을 풀도록 하기 위한 어떤 조치도 취하지 않고 있다. 사드 반대가 정당할 수 있다는 집단사고가 형성됐다고 봐야 한다. 이러한 집단사고를 의식하지 않을 수 없기에 사드의 필요성과 한계를 분명하게 이해하고 있을 국방부는 사드의 성능에 관한 진실을 설명하지 못하고 있고, 정경두 국방장관은 취임 후 성주 사드 기지를 한 번도 방문하지 못하고 있다. 사드 문제는 문재인 정부와 지지층의 집단사고에 의해 루머가 전혀 시정되지 않은 채 국가정책에 영향을 미치고 있는 것이다.

## 2) 한일 군사정보보호협정 사례

북한의 핵무기 개발이 점점 노골화되자 2011년 1월 한국과 일본의 국방장관은 북한의 핵과 미사일에 대한 신속한 정보공유의 필요성을 인식해 양국 간 군사정보 보호협정, 최근에 한국 사회에서 일상적으로 사용되는 용어인 지소미아를 체결하기로 합의했다. 이에 따라 실무 차원에서 준비 및 협의를 완료해 2012년 6월 국무회의를 거쳐서 양국 대표가 서명하려고 했다. 그러나 이 사실이 언론을 통해 알려지자 절차와 의도를 문제 삼으면서 야당이 적극적으로 반대하기 시작했다. 이 협정이 국무회의에서 결정되기 전 차관회의를 거치지 않아서 절차적으로 잘못됐고, 이 협정은 한국-미국-일본의 삼각 군사협력체제를 구축하는 수단일 뿐만 아니라 "을사늑약의 망령"이라면서 극렬하게 반대했다. "핵무장 일본에 기밀 갖다 바치는 일"이라고 비판이 제기되기도 했다(이경미 · 윤형중, 2012). 이러한 반대로 인해 당시 이명박 대통령은 서명 예정일 하루 전에 이를 취소시켜야만 했다.

그럼에도 불구하고 북한이 2013년 2월 12일 제3차 핵실험을 통해 핵무기를 개발하는 데 성공하자 박근혜 정부는 북핵 관련 정보에 대한 일본과의 교환체제 구축이 시급하다고 판단했다. 지소미아를 당장 재추진하는 것은 정치적인 부담이 크다고 판단해 2014년 12월 29일 국방부가 주체가 되어 한국, 미국, 일본 3개국 군대 간의 군사정보공유 '약정'을 체결함으로써 실무적인 정보교환체제를 구축했다. 그러나 북한의 지속적인 핵무기 개발 노력으로 인해 약정으로는 미흡한 점이 발견되자 지소미아를 재추진했고, 당시에는 큰 반대 없이 2016년 11월 23일 서명했다. 2017년 동안에 북한이 집중적으로 미사일 시험발사를 실시할 때 한국은 이 지소미아를 활용해 일본과 필요한 정보를 적시적으로 교환했고, 따라서 발사 지역, 탄도, 탄착지역에 대한 정확한 분석을 보장할 수 있었다.

그런데, 2018년 11월 30일 한국 대법원에서 일제 강점기 징용자에 대해 일본 회사에 배상책임이 있다고 판결함에 따라서 한일 간에 역사문제를 둘러싼 갈등이 재현되기 시작했다. 일본은 1965년 한일 청구권 협정으로 종료된 것을 한국이 재거론한다는 입장이었고, 한국 정부는 삼권분립에 근거해 대법원의 판결을 정부가 어떻게 할 수 없다면서 관여할 수 없다는 입장이었다. 이와 같이 갈등이 협의되지 못한 채 평행선을 달리자 일본은 7월 1일 반도체 제조 등에 핵심적으로 필요한 3개 소재를 수출규제 했고, 8월 2일에는 수출특혜를 주는 국가들의 명단인 소위 '화이트 리스트'에서 한국을 제외하겠다고 발표했다. 이에 대응할 수 있는 마땅한 수단이 제한되자 한국 정부는 90일 전에 통보하면 파기할 수 있는 규정을 활용해 8월에 22일 한일 간에 체결된 지소미아를 연장하지 않겠다고 결정했다.

그 이후 다수의 전문가, 야당, 국민들은 지소미아의 파기를 우려하면서 연장을 촉구하기 시작했다. 야당에서 "국가 안보의 축을 스스로 흔드는 자해 행위"라고 비판했고, 박근혜 탄핵과 관련해 매주 개최되는 광화문 집회에서도 지소미아 연장이 중요한 구호가 됐으며, 이로써 '지소미아'라는 용어가 모든 국민들에게 알려지게 됐다. 미국도 한국 정부의 지소미아 파기 결정이 "동북아시아에서 우리가 직면한 심각한 안보적 도전과 관련해 문재인 정부의 심각한 오해를 반영한다"고 논평했고, 다수의 주요 인사들이 방한 기회를 활용해 이의 연장이 필요하다는 의견을 제시했다. 결국 한국 정부는 2019년 11월 22일 국가안전보장회의(NSC) 상임위를 열어서 그날 자정에 종료되게 되어 있던 지소미아를 연장하는 것으로 결정했다.

이 지소미아도 오해로 인해 논란이 악화된 점이 크다. 이것은 대부분의 국가들이 일상적으로 체결 및 활용하는 협정으로서 주권과는 상관이 없다. 정보교환을 강제하는 내용이 아니라 정보를 교환할 때 서로 신뢰할 수 있도록 잘 관리하겠다는 약속에 불과하다. 2019년 현재 한국의 경우에 미국을 비롯한 우방국은 물론이고, 러시아, 우크라이나, 우즈베키스탄, 폴란드, 불가리아, 루마니아, 헝가리 등 과거 동구권 국가를 비해 22개국과 이 협정을 맺고 있고, 13개국 및 나토(NATO, 북대서양조약기구)와는 군사정보보호 약정을 체결하고 있다(김수한, 2019). 지소미아의 내용은 인터넷은 물론이고 다양한 매체를 통해 공개되어 있는데, 그 내용 어디를 봐도 상대방이 요구할 경우 의무적으로 군사비밀을 제공해야 하는 약속은 포함되어 있지 않다(편집부, 2016: 92-95). 지소미아를 체결하면 한국의 주권 중 일부를 일본에 양도하는 결과가 된다는 주장은 전혀 사실에 부합되지 않고, 따라서 루머였으며, 믿었다면 오인식인 것이다.

지소미아의 경우에도 상당한 확증편향이 작용했다. 2012년 논란이 됐을 때 국방부를 중심으로 그 내용이 공개되고, 그것이 정보교환을 강제하거나 주권을 침해하는 내용이 아니라는 것이 밝혀졌음에도 상당수의 국민들은 비판적인 시각을 전혀 바꾸지 않았기 때문이다. 2019년에 정부가 연장하지 않겠다는 결정을 내린 이후에도 각종 매체를 통해 다양한 토론이 벌어졌지만, 국민들은 지소미아가 그다지 특별한 사안이 아니라는 점을 믿으려 하지 않았다. 일본에 대한 원천적인 부정적 감정도 작용하고 있겠지만, 정부가 파기결정을 내린 직후인 8월 27~29일 조사한 바를 보면 정부의 파기결정이 잘했다가 53%, 잘못했다가 28%, 유보가 19%였고, 종료가 유효화되기 직전인 2019년 11월 19일~21일간의 조사에서도 잘했다가 51%, 잘못했다가 29%, 유보가 20%였다(한국갤럽, 2019). 한국 국민 중에는 아직도 지소미아 파기를 지지하는 사람들이 많고, 이것은 확증편향이 아니고서는 설명하기 어렵다.

지소미아에 집단사고가 작용한 측면도 적지 않다. 사드와 마찬가지로 2012년 당시 야당의 정치인이나 진보성향의 인사로서 지소미아에 관한 루머를 믿으면서 확증편향을 가졌던 사람들이 대거 문재인 정권에 참여함에 따라서 지소미아에 관한 집단사고가 형성됐고, 누구도 그의 연장을 주장하기가 어려운 상황이 됐다. 국방부 장관조차 지소미아의 필요성을 적극적으로 항변하지 못하는 분위기였다. 특히 문재인 정부의 지지층은 강력한 반일의식을 갖고 있고, 정부는 이것을 의식해 일본에 대해 강경한 조치를 강구해야 한다는 집단사고도 지니고 있으며, 이것이 지소미아에 대한 기존 집단사고를 더욱 강화한 것으로 보인다.

## 3
## 비핵을 둘러싼 오류의 분석

한국은 2018~2019년 동안에 외교적 노력으로 북한의 핵무기를 폐기시키겠다는 야심찬 과제를 추진했다. 그러나 세 번의 남북 정상회담과 두 번의 미북 정상회담을 거치면서도 결국 성공하지 못했는데, 그렇게 된 이유 중에는 비핵화에 대한 한국 정부의 상당한 오류로 포함될 수 있다.

### 1) 오인식 측면

북한의 '비핵화'라는 용어와 관련해 문재인 정부는 적지 않은 오인식을 가졌던 것으로 보인다. 북한은 김일성 시대부터 사용해온 그들의 주장 즉 미국의 핵우산과 그것의 단초인 주한미군 철수를 전제조건으로 하는 '조선반도 비핵화'라는 의미로 '비핵화'라는 용어를 사용했는데, 한국 정부는 핵무기 폐기로 받아들였기 때문이다. 북한은 '비핵화' 이외에 다른 용어를 일체 사용하지 않음으로써 오인식을 유도하면서 나중에 트집을 잡히지 않도록 유의했다. 그러다가 싱가포르 회담 후 수개월이 지난 2018년 12월 20일 '조선중앙통신'의 논평을 통해 싱가포르 미북 정상회담에서 미국과 북한이 합의한 공동성명에는 "분명 '조선반도 비핵화'라고 명시돼 있지 '북 비핵화'라는 문구는 눈을 씻고 봐도 찾을 수 없다"면서 미국이 "조선반도 비핵화를 '북 비핵화'로 어물쩍 간판을 바꿔놓음으로써 세인의 시각에 착각을 일으켰다"라고 주장했다(이용수, 2018: A1).

'조선반도 비핵지대화'는 김일성 시대인 1991년 남북기본합의서 협의 때 북한이 제시한 사항으로서 주한미군과 핵무기의 철수를 포함해 핵무기 금지에 관한 다양한 요구사항을 포함하는 개념이었다(전성훈, 2019: 208). 이 용어는 나중에 '조선반도 비핵화'로 용어는 일부 수정됐지만, 2009년 2월에도 북한 총참모부는 그 내용이 "남한과 주변지역에서 북한에 가해지는 핵위협을 근원적으로 제거하는 것"이라고 설명해(전성훈, 2009: 1) '조선반도 비핵지대화'와 동일한 의미임을 드러내었다. 당시 핵무기가 없었던 북한의 입장에서 보면 미국이 유사시에 한국에 제공하게 되어있는 핵우산은 심각한 위협이었고, 따라서 핵우산과 그것을 펼치게 하는 인계철선에 해당되는 주한미군 철수까지 '비핵화' 개념에 포함시켰던 것이다. 북한의 김정은이 비핵화가 '선대의 유훈'이라고 한 것도 처음부터 그가 염두에 둔 것은 조선반도 비핵지대화 또는 조선반도 비핵화였기 때문이다. 북한은 2016년에도 정부 대변인 성명을 통해 남한의 모든 핵무기 공개, 기지 철폐와 검증, 핵무기 불전개의 약속, 핵 불사용 약속, 미군철수선포를 '반도 전역의 비핵화' 조건이라고 설명했듯이 김일성의 유훈을 포기한 적이 없다(전성훈, 2019: 210-211).

북한은 '비핵화'라는 애매한 용어로 미국의 오인식을 의도적으로 유도한 것으로 보인다. 한글로는 한국이 주장하는 '한반도 비핵화'와 북한이 주장하는 '조선반도 비핵화'가 다를 수 있지만, 영어로 번역하면 모두 "Denuclearization of the Korean Peninsula"이기 때문이다. 그래서 북한은 "실제로는 조선반도 비핵화를 의미하지만 겉으로는 자신들의 비핵화도 포함하는 것처럼 모호한 태도를 취함으로써 한국과 미국을 협상장으로 유인"했다고 평가되는 것이다(전성훈, 2019: 211). 다시 말하면, "북한은 비핵화라는 용어를 매개로 한미가 북한의 핵포기에 대해 환상을 갖도록 프레임을 설정하고, 한편으로 핵개발에 매진하면서 다른 한편으론 조선반도의 비핵지대화를 관철하기 위해 줄기차게 노력해 왔다"(전성훈, 2019: 211).

문 대통령은 '비핵화'를 북한의 핵무기 폐기로 이해한 것 같다. 문대통령은 2018년 10월 15일 게재된 프랑스 유력 일간지 르피가로와의 서면 인터뷰에서 "김정은 위원장이 북한 체제의 안전을 보장받는 대신 핵을 포기하겠다는 전략적 결단을 내린 것으로 생각한다"고 답하면서 "비핵화의 궁극의 목표는 북한이 모든 핵 시설은 물론 현존하는 핵무기와 핵물질을 모두 폐기하는 것"이라고도 설명했다(이충재, 2018). 2018년 9월 19~20일 평양 남북 정상회담 후 성과를 국민들에게 설명하는 자리에서도 문대통령은 "영변뿐 아니라 여타 핵 시설도 영구히 폐기돼야 하고, 이미 만들어진 어떤 핵무기나 장거리 미사일이 있다면 그것까지 폐기하는 수순으로 가야 완전한 핵폐기다"라고 설명했다(윤형준, 2018: A2).

그러나 남한 국민들의 상당수는 북한의 비핵화 약속을 처음부터 의심하고 있었다. 정실장이 북한의 비핵화 용의를 전달한 2일 뒤에도 주요 일간지에 '김일성의 비핵화 유훈'은 과거 주한미군의 전술핵 철수를 의미했다면서 정부가 북한의 기만적 주장을 비판 없이 수용했다고 비판하는 기사가 게재되기도 했다(이용수, 2019: A5). 서울대 통일평화연구원에서 조사한 결과를 보면 판문점 선언과 북한의 풍계리 핵실험장 파괴로 북핵 폐기에 대한 기대가 상승하는 상황에서도 남한 국민의 75% 이상은 북한이 핵무기를 포기하지 않을 것이라고 믿고 있었다(정동준 외, 2019: 86-87). 반면에 문재인 정부의 고위인사들은 북한이 정말로 핵무기를 폐기할 것이라고 믿고 있었고, 그러한 믿음으로 인해 미북 정상회담을 적극적으로 주선했다. 심지어 문 대통령은 유럽국가들을 방문하면서 북한에 대한 경제제재 완화를 부탁하기도 했던 것이다.

요약하면, 문재인 정부는 '비핵화=핵무기 폐기'라는 오인식에 빠져 있었다. "김정은은 핵과 장거리미사일을 포기할 의지가 전혀 없었다"(구본학, 2019: 67)는 상당수 전문가의 공통된 평가에 비춰보면 오인식으로 평가하지 않을 수 없다. 문재인 정부의 이러한 오인식은 북핵에 대한 비현실적 접근을 촉발시켰고, 이로서 한국 정부는 2년 정도의 시간을 대화와 협상을 통한 북한의 핵무기 폐기라는 성과 없는 과제에 노력과 시간을 낭비하고 말았다.

### 2) 확증편향 측면

최초에 '비핵화'를 북핵 폐기로 오인식했더라도 나중에 반대되는 증거가 나오면 그것을 검증해 수정하는 것이 일반적이다. 그러나 문재인 정부의 인사들은 강력한 확증편향에 빠져서 진실을 수용하지 못했다. 1991년 '남북한 비핵화 공동선언'이나 1992년 '남북기본합의서'에서 보듯이 지금까지 북한이 약속을 제대로 이행한 적이 없기 때문에 북한에 대해서는 믿기 전에 의심해보는 것이 합리적 접근이다. 미북 간의 싱가포르 회담에서 '완전한 비핵화'라는 판문점에서의 합의사항을 반복한 데 그친 것이나, 그 이후 폼페이오 미 국무장관이 북한을 방문했을 때 북한이 '강도적 요구'라면서 핵무기 폐기는 거론조차 못하도록 막은 것을 본 후에는 본격적으로 의심했어야 했었다. 초기의 흥분이 가시면서 국내 및 미국에서는 북한이 핵무기를 폐기할 것인가에 대한 의심과 회의론이 강화되고 있었다(김형빈 · 박병철, 2019: 29).

그러나 문재인 정부는 한 번도 의심하는 모습을 보이지 않았고, 지금도 북한의 자발적 핵무기 폐기를 상당할 정도로 기대하고 있는 것으로 보인다. 2020년 1월에 발표한 대통령 신년사에서도 "2017년까지 한반도에 드리웠던 전쟁의 먹구름이 물러가고 평화가 성큼 다가왔다"고 평가하면서 여전히 '2032년 올림픽 남북 공동개최' '비무장지대의 국제평화지대화' '김정은 위원장의 답방' 등 핵무기가 폐기됐을 때 가능할 수 있는 남북관계 개선 조치를 제안했다.

2018년 4월 27일 판문점 회담에서 사용된 '완전한 비핵화'를 북한의 핵무기 폐기로 이해한 것은 오인식이라기보다는 확증편향으로 봐야 한다. 2018년 3월 5일 김정은이 정 실장에게 북한의 핵무기 폐기 의도를 표명했지만, 이미 북한은 2013년 3월 핵무력 건설과 북한 경제발전을 함께 추구하는 정책인 '핵 · 경제 병진정책'을 정립해 둔 상태였고(홍석훈, 2018: 53-54), 판문점 회담 1주일 전인 2018년 4월 20일 노동당 전원회의의 결정서에서도 핵무기 병기화 실현, 핵보유국으로서의 의무 준수 등을 천명한 상태였기 때문이다. 3월 6일 정 실장이 들었다는 내용과 정반대의 결정을 북한의 최고 의사결정기구를 통해 확정했지만 한국 정부는 의심하지 않았다. 통상적이라면 북한의 '비핵화'가 핵무기 폐기를 의미하는지를 다시 확인하고, 판문점에서의 공동선언에 그에 대한 분명한 정의를 포함시키고자 요구했을 것이지만 문재인 정부는 그렇게 하지 않았다. 확증편향이 작용했다고 봐야 하는 이유이다.

더구나 2018년 12월 20일 북한이 싱가포르 회담에서 합의한 것은 '조선반도 비핵화'였지 북한의 비핵화가 아니라고 분명하게 명시했을 때 통상적인 정부라면 북한에게 설명을 요구했을 것이지만, 문재인 정부는 그렇게 하지 않았다. 2019년 2월 27~28일 하노이 미북 정상회담이 결렬됐음에도 문대통령은 북한의 핵무기 폐기 의지에 관해서는 전혀 의심하지 않은 채 3 · 1절 기념사에서 "장시간 대화를 나누고 상호이해와 신뢰를 높인 것만으로도 의미 있는 진전"이었다고 평가하면서 금강산 관광과 개성공단 재개 방안을 미국과 협의하겠다고 약속했다(청와대, 2019). 북한은 2019년 6월 28일 김정은 국무위원장 추대 3주년을 기해 '핵 무력 완성'을 최대 업적으로 내세웠지만(윤형준, 2019: A1), 문재인 정부는 북한의 핵무기 폐기 의도를 전혀 의심하지 않았다. 최근까지도 한국 정부가 북한의 핵무기 폐기 의도를 의심하는 듯한 발언을 한 적은 없다.

한국 정부와 달리 미국 정부는 하노이 회담을 전후해 북한의 핵무기 폐기 의지를 의심하기 시작한 것으로 판단된다. 트럼프 대통령 스스로가 하노이 회담을 결정해놓고도 협상결과에 대해서는 "누가 알겠는가"라는 회의적인 기대를 표명함으로써 싱가포르 회담 시 보였던 낙관적 전망과는 다른 태도를 보였다(조의준, 2019: A6). 하노이 회담이 결렬된 이후 미국에서는 북한이 핵무기를 포기하지 않으려고 한다는 데 대한 국민적 공감대가 형성됐다고 인식할 정도로(윤지원, 2019: 69) 오인식에서 탈피한 것으로 보인다. 미국의 야당까지도 하노이 회담의 결렬을 환영하고, 회담 이후 트럼프 대통령이 '올바른 합의' '빅딜' 'FFVD'를 강조한 것도 동일한 맥락이다. 최초에는 오인식을 가졌지만 확증편향이 없었기에 냉정한 평가로 복귀할 수 있었을 것이다. 한국 내에서도 일부 인사들은 하노이 회담이 북한의 핵무기 불포기라는 '진실의 순간'을 앞당겼다고 평가했지만(전성훈, 2019: 206) 정부는 그렇지 않았다.

경제 분야에서도 확증편향에 빠져 잘못된 정책을 수정하지 못하고 있다고 비판됐듯이(박성현, 2018: 20-28) 문재인 정부의 구성이나 운영방식이 확증편향에 취약할 수 있다. 문재인 정부는 동일한 배경과 생각을 가진 사람들이 강력한 응집력으로 뭉쳐진 상태라서 다양한 견해가 표명 및 교환되기 어려울 것이기 때문이다. 문대통령은 북한과 대화와 협력을 추진해 평화를 달성해야 한다는 강력한 신념을 지니고 있어서 참모들이 다른 의견을 제시하는 것이 어렵다. 또한 통일부 장관은 물론이고 국정원장을 비롯해 대부분의 안보관련 직책이 유사한 생각을 가진 인사들로 채워져서 다르게 생각하는 것 자체가 어려울 수도 있다. 문재인 정부의 경우 '악마의 대변인'은 전혀 존재하지 않는 것으로 보인다. 확증편향을 깨닫거나 수정하기가 어려운 환경이라고 보지 않을 수 없다.

### 3) 집단사고 측면

문재인 정부의 오인식과 확증편향이 집단사고 차원으로 악화된 측면도 적지 않다. 앞에서 설명한 바와 같이 국내의 전문가들 대부분은 물론이고 미국의 책임 있는 당국자까지 북한이 핵무기를 폐기하지 않을 것이라고 생각하는데, 유독 한국 정부만 북한의 핵무기 폐기를 확신하고 있다면 집단사고로 봐야 한다. 2018년 판문점 선언으로 핵무기 폐기에 관한 기대가 고조된 상황에서도 남한 국민의 80% 이상이 북핵을 위협으로 인식하면서 75% 이상이 북한의 핵무기 포기를 믿지 않았는데(정동준 외, 2019: 86-87) 문재인 정부만 북한의 핵포기를 전혀 의심하지 않고 있었다면 집단사고라고 평가하지 않을 수 없다.

문재인 정부는 북한을 선의로 대하면 결국은 남북관계가 개선될 것이라는 집단사고도 보유한 것으로 보인다. 북한의 김정은은 2019년 4월 12일 최고인민회의 연설에서 남한 정부에 대해 "오지랖 넓게 중재자 또는 촉진자 행세"를 하지 말고 당사자가 되라고 비난했고, 2019년 8월 16일 문재인 대통령이 '평화경제' 구상을 발표하자 "삶은 소대가리도 앙천대소할 노릇"이라며 격하했다. 2020년 1월 11일 북한의 김계관 외무성 부상은 남한 정부가 미북 간의 일에 "중뿔나게 끼어드는 것은 좀 주제 넘은 일"이라고 비판하기도 했다. 북한의 이러한 불손한 언사에 대해 문재인 정부는 한 번도 항의하지 않았고, 오로지 선의로만 북한을 대해왔다. 그러나 북한은 남북관계를 완전히 차단했다. 그런데도 불구하고 문재인 정부는 기존의 대북정책을 전혀 수정하지 않았다. 집단사고의 경향이 크다고 볼 수밖에 없다.

제니스가 제시하고 있는 집단사고의 세 가지 형태를 적용해 봐도 문재인 정부의 집단사고 경향은 낮지 않다. 제2장에서 소개한 바와 같이 이것은 '집단의 힘과 도덕성에 대한 과대평가' '닫힌 마음' '통일성을 향한 압력'의 세 가지인데, 우선 문재인 정부는 힘과 도덕성을 과대평가하는 경향이 없지 않다. 문재인 대통령은 2017년 5월 취임사에서 "지난 세월 국민들은 이게 나라냐고 물었습니다"라면서 '적폐(積幣)' 해소를 주문함으로써 문재인 정부의 정통성과 도덕성을 과시했다. 취임 직후인 2017년 7월 밝힌 남북관계에 관한 '베를린 구상'에서도 "우리가 추구하는 것은 오직 평화"라면서 남북한 간의 신뢰회복과 교류와 대화를 강조했다(통일부, 2017). 문재인 정부는 평화라는 강력한 테마를 국민들에게 제시했고, 원칙적인 대북정책을 요구하는 사람들에게는 "그렇다면 전쟁할 것인가?"를 되물음으로써 그들 대북정책의 타당성을 강변하고 있다.

최근 5년 단임으로 정권이 교체되는 체제가 시행되면서 모든 정부에게 공통적으로 발생하고 있는 현상이지만 문재인 정부의 폐쇄성도 낮지는 않다. 야당의 김용태 의원이 "청와대가 운동권 동문회관"이라면서 집단사고의 오류를 경고했듯이(김대현, 2017: 24-26) 청와대 참모들의 동질성이 매우 높고, 야당 인사나 보수성향의 인사를 주요

직위에 임명하거나 그들의 의견을 수렴하려는 의미 있는 노력은 거의 보이지 않기 때문이다. 문정인 대통령 특보나 조명균과 김연철 통일부 장관에서 보듯이 화해협력만 강조하는 인사들로 대북정책 라인을 구성했다. 반대되는 의견이 제시되기 어려운 상황일 수밖에 없다. 또한 문대통령의 소통 노력도 크지는 않았고, 임기가 진행될수록 떨어지는 추세를 보였다. 예를 들면, 문재인 대통령 취임 6개월 후 여론조사에서 대통령 직무에 대한 지지도가 75%를 유지했을 때 16%가 "소통 잘함/국민공감 능력"을 그 이유로 꼽았지만(한국갤럽, 2017), 2020년 1월에는 47%로 하락하면서 "소통 잘한다"는 4%로 크게 줄었다(한국갤럽, 2020).

'통일성에 대한 압력'이 어느 정도일지 평가하는 것은 어렵지만, 문재인 정부가 다양한 견해를 권장하고 있다고 보기는 어렵다. 북핵이나 남북관계에 있어서 청와대, 통일부, 외교부는 화해와 협력을 강조하더라도 국방부만은 단호한 대응과 준비태세를 강조할 수 있어야 하지만 그렇지 못했다. 예를 들면, 2019년 북한이 수차례 단거리 미사일을 발사했을 때도 정경두 국방장관은 그것이 도발이 아니라고 부정했고(김경화, 2019: A1), 일본과의 군사정보 보호협정이 파기되는 상황에서도 국방부는 군사적 필요성을 강조하지 못했다(김귀근, 2019). 문재인 정부가 추진하는 정책에 관해 정부의 주요 인사들이 공개적으로 비판하는 사례는 거의 없다. 통일성에 대한 보이지 않는 압력이 존재한다고 봐야 한다.

이렇게 볼 때 문재인 정부는 집단사고가 발생하기 쉬운 구조이고, 그것을 북핵 또는 대북정책에도 그러한 것으로 드러나고 있다. 실제 상황이 어떻게 변하든 북핵폐기에 대한 문재인 정부의 기대와 남북관계 개선을 위한 일방적인 노력이 변화될 가능성은 낮다고 봐야 한다.

## 4
## 결론

그러할 것으로 대부분이 추측하지만 문재인 정부의 북핵과 대북 정책에 관한 인식에는 오인식, 확증편향, 집단사고가 이상할 정도로 심하게 존재하는 것으로 보인다. 문정부는 '비핵화'가 북한의 핵무기 폐기를 의미한다고 오인식했고, 그렇지 않은 증거가 나중에 나타나도 수정하지 못할 정도로 확증편향에 빠졌으며, 그것이 집단사고 수준이 되어 비현실적인 대북핵 및 대북한 정책을 지속하게 만들고 있다. 이것은 '평화'라는 문대통령의 대북정책 기조가 워낙 강력한 탓도 있지만(김형빈 · 박병철, 2019: 15), 문재인 정부의 인적 구성이나 업무수행 문화가 그렇게 되도록 되어 있는 구조적 문제점도 적지 않다.

대부분의 개인이나 조직은 대부분의 일에 대해 어느 정도의 오인식을 가질 수밖에 없다. 현실적으로 필요한 모든 정보를 확보할 수 없고, 정보의 정확성을 보장하는 것도 어렵기 때문이다. 다만, 합리적인 사람이나 조직은 처음에는 오인식을 갖더라도 노력해 수정함으로써 확증편향이나 집단사고의 수준으로는 악화시키지 않는다. 북한의

'비핵화'에 관한 미국 정부가 그러한 사례이다. 그러나 문재인 정부는 북한이 핵무기를 폐기하지 않을 것이라는 수많은 증거와 다수 전문가들의 경고에도 불구하고 아직도 핵무기를 폐기할 것이라는 막연한 기대 하에서 대북정책을 추진하고 있다. 심각한 오류의 함정에 빠졌다고 평가하지 않을 수 없다.

이제 문재인 정부의 인사들은 북한이 말하는 '비핵화'가 과연 핵무기 폐기를 의미하는 것인가에 관한 의문을 냉정한 시각에서 재조사 및 재검토해볼 필요가 있다. 외부의 전문가나 전문조직에게 의뢰할 수도 있을 것이다. 특히 필자가 제시한 오인식, 확증편향, 집단사고 측면에서 자신들이 오류에 빠져 있지 않은 지를 점검해보고, 그러한 점이 있다면 감소시키고자 노력할 필요가 있다. 국가의 지도층이 국가안보의 핵심적인 사안에 있어서 오류를 갖고 있거나 이를 교정하려는 노력을 게을리해서는 곤란하다. 북한의 핵무기 폐기 여부에 대한 냉정한 평가가 너무나 절실한 상황이다.

조직 내에서 오인식, 확증편향, 집단사고가 발생하지 않도록 하는 보편적인 방법은 다양한 의견들의 발표를 허용하고, 청취되는 환경을 조성하는 일이다. 이러한 점에서 문재인 정부는 북핵에 관해 야당과 전문가들이 제기하는 의견도 들어보고, 자신과 생각이 다른 전문가들의 세미나도 적극 참여하며, 다양한 생각을 가진 사람들로 청와대 참모들을 구성하고자 의도적으로 노력할 필요가 있다. 집단사고 예방의 전형적인 방책으로 제시되고 있듯이 정부 내에 '악마의 대변인'을 지정해 제반 사항을 반대 측면에서도 바라볼 수 있도록 제도적인 장치를 마련할 수도 있다.

북한 또는 북핵과 관련해 과거 정부가 검토해온 바나 조치해온 내용을 적극적으로 참고하는 것도 오류의 감소에 유용할 수 있다. 그렇게 하다 보면 북한을 다루는 일이 선의와 희망만으로 가능하지 않다는 점을 알게 되고, 이전 정부들도 다양한 사항을 복합적으로 검토한 후 해당 정책을 선택한 것임을 발견할 수 있을 것이다. 그렇게 되면 과거 정부들을 비판하는 데 덜 치중하게 될 것이고, 현 정부의 생각이나 방향이 반드시 최선이 아닐 수도 있다는 점도 인식하게 될 것이다. 이로써 현 정부의 입장과 정책방향에 대한 객관성을 강화할 수 있고, 그렇게 되면 오류의 가능성은 훨씬 줄어들 것이다.

오인식, 확증편향, 집단사고의 감소와 관련해 더욱 근본적인 요소는 국가안보에 관한 정부와 주요 인사들의 사명감이다. 세계의 모든 국가들이 다른 국가를 위협으로 인식하거나 쉽게 믿지 못하는 것은 국가안보는 너무나 중요한 사항이라서 가볍게 볼 수 없고, 속아서 위태롭게 만들 수 없다고 생각하기 때문이다. 낭비요소가 많더라도 최악의 상황까지 대비하는 것은 국가안보는 한번 잘못되면 돌이킬 수가 없기 때문이다. 정부가 국가안보를 이렇게 무겁게 생각하게 되면 매사를 신중하게 처리하게 될 것이고, 그렇게 노력한다면 일시적으로 오인식에는 빠지더라도 확증편향이나 집단사고로 악화시키지는 않을 것이다.

# 제7장
# 북핵 대응 '플랜 B'

북한의 핵무기를 대화와 협상으로 폐기시키기 위한 노력의 필요성은 누구도 부정할 수 없다. 문제가 되는 것은 그것이 생각대로 되지 않았을 경우를 대비한 계획을 동시에 발전시키느냐의 여부이다. 정상적이라면 당연히 협상이 제대로 진행되지 않을 경우를 상정한 다양한 대비책을 적극적으로 동시에 강구할 것이다. 그러나 문재인 정부의 기간 동안에는 그러하지 않았다. 북핵이 폐기된다는 낙관적인 생각 하에서 한미동맹도 등한시하고, 국방도 축소하는 모습을 보였다. 그 결과 역대 어떤 정부도 소홀히 하지 않았던 '동맹'과 '자강'의 두 축이 무너지고 있다.

지난 2년 동안 외교적 비핵화 노력 과정에서 드러난 북한의 집요한 북핵 보유 의지를 보면 한국은 '플랜 B'를 더더욱 강화해야 할 상황이다. 북한은 이제 사실상의 핵보유국이 되어 언제 어떤 도발을 감행할지 알 수 없고, 미국은 북핵 문제의 해결에 점점 흥미를 잃어가고 있기 때문이다. 미국은 북핵을 용인해줘도 큰 문제가 아닐 수 있지만, 그 순간 한국은 존망의 위기를 맞게 된다. 한국은 북핵에 대한 자체적인 방어책도 강구해야 하고, 한미동맹은 더욱 강화해야 하는 힘든 상황에 처하게 된 것이다.

# 1
# 북한의 도발 가능성과 양상

## 1) 도발 가능성

핵무기를 보유함으로써 북한이 대남전략에서 결정적인 우세에 처하게 된 것은 누구도 부정할 수 없다. 핵무기는 다른 모든 재래식 무기의 위력을 상쇄하고도 남는 '절대무기'이기 때문이다. 다만, 한국은 세계 최강의 군사력과 핵전력을 구비한 미국과 동맹관계이다. 6·25전쟁 때도 그러했지만 결국 북한이 도발을 결정하는 데 참고하는 핵심적인 요소는 미국의 개입 여부이다.

북한은 미국을 지속적으로 위협해 개입을 차단하고자 노력하고 있다. 북한이 수소폭탄과 장거리 미사일 시험발사에 성공할 때마다 미국을 명시적으로 거론하면서 위협했다. 비핵화를 미끼로 미국과 직접 협상을 시도한 것도 미국을 한반도에서 축출하기 위한 술책이다. 그러한 노력의 결과로 북한은 주한미군과 한국군의 대규모 연합훈련을 중지시켰고, 한미동맹에도 적지 않은 균열을 발생시키는데 성공했다. 그럼에도 불구하고 전반적으로 아직은 주한미군이 건재하고, 미군대장이 한미연합사령으로서 한국의 전쟁억제와 유사시 승리의 책임을 맡고 있는 현 한미연합체제는 지속되고 있어서 북한이 도발하기에는 여전히 위험이 크다.

그러나 전쟁의 발발 여부는 반드시 이러한 합리적 계산에 의해 결정되지 않는다. 전쟁 발발을 포함해 국제관계에서 내려지는 결정의 상당한 부분이 상대방의 의도와 능력에 대한 '오인식(Mis-perception)'에 의해 결정된다는 주장도 적지 않다(Jervis, 1976; Stoessinger, 2011). 북한의 권위주의적 특성과 폐쇄성을 고려할 때 김정은이 합리성이 강하지 않을 가능성도 낮지 않고, 합리적 결심에 필요한 활발한 논의나 정보의 공유가 결여될 수도 있다. 국가안보는 만전을 기해야 한다는 점에서 오인식에 의한 전쟁의 발발 가능성도 감안하지 않을 수 없다(French, 2005: 279; 홍관희, 2017: 70).

최근 한국은 북한이 핵무기를 폐기할 것이라는 기대, 안보에 대한 근거 없는 낙관론, 국내정치적 분열로 인해 북한의 침략에 대한 경계심을 계속 낮추어 왔다. 북한으로서는 공격계획을 잘 수립해 기습적인 공격을 감행할 경우 수도 서울의 점령 등은 가능하고, 더욱 운이 좋으면 전체 석권도 가능할 수 있다고 판단할 수 있다. 이론적으로도 공격의 기회를 노리는 국가는 상대방이 유화적으로 나올 때 전쟁을 발발한다고 한다(Stein, 1982: 512). 전쟁에서는 예상치 않았던 기습공격이 자행된다는 점에서 주한미군과 미국의 동맹공약이 건재하는 현 상황에서라도 북한은 승산이 있는 창의적인 공격의 방법을 찾아낼 수 있다.

## 2) 채택 가능한 도발의 형태

북한의 향후 도발과 관련해 상당수는 핵실험이나 미사일 시험발사 재개 등을 언급하지만 그것은 '도발'이라기보다는 우리에게 직접적인 위해는 가해지지 않는 '도발적 행위'에 불과할 수 있다. 이전까지 북한이 실시해온 다수의 핵실험과 미사일 시험발사로 인해 한국 국민들의 안전이 당장 위협받은 바가 없다. 관행으로 북한이 금지된 사항을 감행할 때도 한국에서는 '도발'이라고 말해왔지만 북한과의 전쟁대비 차원에서는 '도발적 행위'와 '도발'은 구분할 필요가 있고, 진정으로 대비해야 하는 것은 국가의 존망을 좌우할 수도 있는 '결정적 도발'이다. 그중 대표적인 몇 가지 양상을 제시하면 다음과 같다.

### (1) 핵무기 사용 위협으로 연방제 통일 강요

북한이 관상용이나 과시용에 그치고자 온갖 국제제재를 무릅쓰는 등 천신만고를 거쳐서 핵무기를 만들었다고 보기는 어렵다. 그들이 지금까지 변함없이 추구하고 있는 '전 한반도 공산화'라는 당=군대=국가의 목표 달성에 결정적으로 기여할 수 있다고 판단했기에 온갖 어려움을 각오하면서 핵무기를 만든 것이다. 그렇다면 북한은 이제 그들 주도의 한반도 통일을 구현하는 방향으로 보유하고 있는 핵무기를 공세적으로 사용하고자 노력할 가능성이 크다. 북한은 핵무기 보유국임을 선언하면서 "우리 민족끼리"라는 기치하에 남한과의 통일을 적극적으로 추진하겠다는 의지를 천명한 후, 핵무기를 배경으로 단계적으로 남한을 위협해 나갈 수 있다.

북한이 한국에 대한 공격의 위협을 노골적으로 공표하기만 해도 한국에는 상당한 혼란이 초래될 것이다. 북한이 남한에 대한 핵무기의 사용 가능성을 언급할 경우 남한의 무역은 붕괴되고, 외국인과 외국 자본이 이탈할 가능성이 크다. 한국의 국제적 신인도는 급격히 하락할 것이고, 한국 사회는 극도의 혼란에 휩싸이게 될 것이다. 특히 한국 정부가 한미동맹을 강화하는 등으로 단호하게 대응하는 것이 아니라 북한과의 타협이나 굴종적 임시방편을 추구할 경우 한국에 대한 대내외적 불안 정도는 더욱 커지면서 북한이 남한을 자유롭게 요리할 수 있는 상황이 조기에 도래할 수도 있다.

북한은 한국에 대한 노골적인 위협과 동시에 또는 다소 간의 시간이 흐른 다음에 한국 정부에게 연방제 통일방안을 수용하든가 북한의 공격을 감수하든가 두 가지 중 하나를 선택할 것을 강요할 수 있다. 연방제 통일을 수용하지 않을 경우 핵무기로 한국의 도시를 공격하거나 군사적 기습공격을 감행하겠다고 위협한다는 것이다. 그렇게 되면 한국에서는 핵공격의 위험에 대한 공포가 확산될 것이고, 국론이 극단적으로 분열될 것이며, 다양한 타협안이 제기될 수밖에 없다. 그렇게 되면 북한은 더욱 자유롭게 남한을 요리하게 될 것이다. 한말에 일본이 한국을 접수해 나가는 과정을 보라.

한국이 그들의 연방제 통일방안을 수용하지 않을 경우 북한은 한미동맹 철폐를 위한 행동에 나설 수 있고, 주한미군 기지를 핵무기 공격으로 위협할 가능성도 배제할 수 없다. 북한으로서는 경제상황 등이 극도로 나빠져서 잃을 것이 없다는 결연함을 과시할 것이고, 평택에 있는 주한미군 기지는 휴전선에서 100여 km밖에 되지 않아서 자국군의 안전을 중시하는 미국으로서는 철수를 비롯한 필요한 조치를 미련 없이 결정할 수도 있다. 만약 주한미군만 철수한다면 북한은 남한에게 수시로 핵위협을 가하면서 마음 놓고 남한을 요리하게 될 것이다.

### (2) 서북 5개 도서 등에 대한 국지도발

북한이 한국을 위협해 연방제 통일을 강요하더라도 한국이나 미국이 단결해 단호하게 대응할 경우 성과를 달성하기는 어렵다. 따라서 북한은 한국에 대한 위협으로는 미흡하다고 판단해 더욱 가시적인 성과를 달성하겠다고 결정할 수 있다. 그러할 경우 가장 상식적인 도발은 서북 5개 도서 등을 공격하거나 점령함으로서 한국과 미국의 대응의지를 시험하면서 핵무기 위협이나 사용의 구실을 확보하는 것이다.

북한은 2010년에 자행했던 바와 같이 한국의 군함을 공격하거나 한국의 영토에 포격을 가할 수도 있지만, 그 정도로는 한국과 미국에 충격을 주지 못할 뿐만 아니라 북한이 얻는 지속적인 이익이 없다고 생각할 가능성이 크다. 백령도를 비롯한 서북 5개 도서 중 일부나 전체를 기습적으로 공격해 점령하는 정도는 되어야 실익이 있고, 한미 양국을 위협할 것이라고 판단할 수 있다. 백령도의 경우 북한은 30분 거리에 있는 고암포에 대규모 상륙정들을 보유하고 있고, 북한이 악천후를 활용해 기습공격할 경우 한국이 서북도서에 대한 방어작전을 적극적으로 수행하거나 지원하는 것이 현실적으로 쉽지 않다. 한국이 공세적으로 나올 경우 북한은 핵무기를 사용하겠다고 위협함으로써 그것을 차단할 수 있다. 특히 서북 5개 도서는 유엔군 또는 한미연합사령관이 관리하는 지역이 아니라서 미군이 적극적으로 개입하기 어렵고, 따라서 북한은 미국과의 확전 가능성을 덜 우려해도 된다.

### (3) 수도권에 대한 기습공격

북한의 입장에서 경제적 어려움을 비롯한 모든 문제를 일거에 해결하는 길은 남한을 점령하는 방안일 것인데, 남한 전역을 일거에 점령하는 것은 어렵다고 생각할 가능성이 크다. 그렇다면 북한은 남한의 수도인 서울을 먼저 점령해 기정사실화한 후 나중에 남한 전역으로 점령지역을 확대하는 방안을 고려할 수 있다. 2018년 9월 체결한 '남북 군사 분야 합의'와 북한에 대한 현 정부의 순진한 태도로 인해 남한의 군사대비태세가 약화되어 있는 상태라서 성공의 가능성도 없지 않다. 서울은 휴전선에서 40km밖에 떨어져 있지 않아서 밤사이에 기습공격해 점령하는 것도 가능하다. 남한의 모든 정치, 경제, 문화의 중심지인 서울만 점령한다면 북한은 한반도 공산화라는 그들의 목표에도 크게 가까워질 뿐만 아니라 미국을 한반도에서 철수시키는 데도 효과적일 수 있다.

서울에 대한 북한의 군사적 점령 가능성이 낮은 것은 아니다. '남북 군사합의 합의'에 의해 한국군은 휴전선 근처에 대한 정찰과 훈련을 자제하고 있고, 철원지역에는 6 · 25전쟁 전사자 유해 발굴 명분으로 지뢰를 제거 후 12미터 폭의 도로가 개설되어 있으며, 김포 지역의 하상(河床)에 관한 정보를 남한으로부터 전달받은 상태라서 도하작전도 가능하다. 철원과 김포를 주 접근로로 채택해 기습공격을 가할 경우 서울을 원거리에서 포위할 수 있을 것이다. 동시에 북한은 단거리 접근로인 파주-문산 지역에 비지속성(非持續性) 화학작용제를 사용해 한국군 방어진지를 일시적으로 무력화시키는 방안도 배제하지는 않을 것이다. 북한의 강점 중 하나인 사이버전 역량을 동원해 한국의 기간산업 및 행정망을 마비시킬 수 있고, 특수전 부대를 투입해 서울의 핵심부를 조기에 장악할 수도 있다.

서울을 점령한 후 상황에 따라 계속 남진할 수도 있지만, 북한은 모든 군사적 활동을 일방적으로 중지시키면서 그들의 철수를 비롯한 모든 사항을 협상하겠다고 공표할 수도 있다. 미국을 비롯한 국제사회의 참전을 방지하기 위한 술책이다. 북한은 그들의 목표가 점령이 아니라 남한의 민주화라면서 서울에서 민주적 정부를 수립하기만 하면 바로 철수하겠다면서 그 조건을 협의하자고 미국에게 제안할 것이고, 동시에 한미가 반격할 경우 핵무기로 보복하겠다고 위협할 것이다. 이 제안을 미국이 수용해 협상이 진행되면 북한은 시간을 끌면서 서울을 철저한 공산주의 사회로 변모시킬 것이고, 그것이 완성되면 주민들의 의사를 물어서 서울의 장래를 결정하자고 제안할 수 있다. 이러한 협상은 장기화될 것인데, 그 과정에서 추가적인 기회가 발생했다고 판단할 경우 북한은 점령지역을 남쪽으로 확장함으로써 전국적 통일을 지향하게 될 것이다.

### (4) 핵위협하 전면공격

북한도 그들의 생존을 걸어야 하기 때문에 쉽게 결심할 수는 없지만 모든 문제를 한꺼번에 해결한다는 차원에서 북한은 1950년도의 6 · 25전쟁에서와 같이 전국적인 범위에서 남한에 대한 기습공격을 감행할 수도 있다. 서울을 확보한 후 전국 점령으로 확대하는 것은 시간이 걸릴 뿐만 아니라 어떤 예기치 않는 변수가 발생할지 알 수 없고, 남한의 안일한 정신자세와 미흡한 군사대비태세를 고려할 때 남한 전역을 일거에 석권하는 것도 가능하다고 판단할 수 있기 때문이다. 북한의 '7일 전쟁계획'은 일주일 내에 남한을 석권할 수 있다는 판단 하에 수립된 계획이다.

이 경우 북한은 6 · 25전쟁과 유사한 계획으로 남침하겠지만, 주공 방향이나 작전의 단계화 차원에서 다소 변화를 모색할 가능성이 있다. 철원 지역의 지뢰제거와 김포지역의 하상정보 확보로 기습공격의 통로가 확보된 상태이기 때문이다. 북한은 처음에는 파주-문산 지역에 집중적인 공격을 가함으로써 주공 방향을 기만하다가 철원과 김포 축선에 정예 전투력을 투입해 서울에 대한 양익 포위를 추구할 가능성이 높다. 또한 6 · 25전쟁과 달리 작전을 단계화해 중간목표를 미군기지가 있는 평택에 둘 가능성이 있고, 이를 위해 해상을 통한 평택 부근 상륙작전, 그리고 특전부대에 의한 평택 주변의 집중적인 공격 및 혼란조성 활동이 전개될 수 있다. 동해안의 7번국도 상으로도 상당한 규모의 군대를 투입해 부산을 향해 신속하게 진격함으로써 한미 양국군의 판단을 혼란스럽게 하거나 대응을 복잡하게 만들 가능성도 크다. 이러한 공세활동을 전개하면서 북한은 반격할 경우 한국의 주요 도시에 핵무기 공격을 가하겠다고 위협해 한미 양국군의 군사행동을 속박할 것이다.

북한은 평택기지를 포위해 미군 철수를 유도하는 것을 초기작전에서 가장 중요한 사항으로 간주해 모든 노력을 집중할 것이다. 미군 철수는 한반도 석권을 위한 전제조건이기 때문이다. 미군을 직접 공격할 경우 미국 대통령에 의한 즉각적인 전쟁선포가 가능하기 때문에 직접적인 교전은 회피하면서 자발적으로 철수하도록 압박을 가하기 위한 다양한 군사작전이 전개될 것이다. 북한군이 평택기지의 야포 사정거리까지 접근할 경우 미군은 기지를 포기할 수밖에 없을 것인데, 이 경우 남쪽으로 이동해 축차진지를 점령할 수도 있겠지만 선박으로 일본까지 철수할 가능성도 배제할 수 없다. 북한은 미군만 한반도에서 철수하면 핵무기 없는 한국의 처리는 아무런 문제가 아닐 것으로 판단할 것이고, 실제로도 그렇게 될 가능성이 크다.

### 3) 평가

북한의 입장에서도 한반도의 현상을 바꾸기 위해 도발을 선택하는 것은 존망의 위험을 각오해야 하는 중차대한 일이다. 그럼에도 불구하고 북한이 애써 개발한 핵무기를 사용하지 않은 채 국제적 경제제재와 압박에 의해 고사되어 가지는 않을 것이다. 북한은 그들이 처한 모든 상황을 종합적으로 판단해 도발 여부를 결정할 것인데, 가능한 방안 중에서 위험과 실현가능성을 고려해 타당성이 높은 방안을 선택할 것이다. 다만, 어차피 군사행동을 결정한다면 일거에 모든 상황을 종결시킬 수 있는 결정적인 방안을 선택할 가능성도 배제할 수는 없다.

북한이 한국에게 핵무기 공격 가능성을 포함해 군사적 위협을 노골화하는 것만으로도 한국은 상당히 위험한 상황에 처할 수 있다. 한반도에 긴장이 고조되면서 국제적인 신인도가 낮아질 것이고, 외국인 투자가 빠져 나갈 것이며, 국민들의 불안감도 급증할 것이기 때문이다. 북한이 연방제 통일방안을 수용하지 않을 경우 핵무기 공격을 가할 수 있다는 최후통첩을 내린다면 남한의 혼란상은 극에 달할 것이다. 나아가 주한미군이 철수하지 않으면 미군기지에 핵무기 공격을 가하겠다고 위협할 경우 한반도 상황은 전쟁 직전의 상황으로 악화될 수밖에 없다. 북한은 핵무기를 실제로 보유하고 있고, 매우 비합리적인 결정도 내릴 수 있는 집단이라고 대부분이 인식하기 때문에 이러한 위협은 상당한 비중으로 전달될 것이고, 한국은 전략적으로 매우 불리한 상황에 처할 수밖에 없다.

그럼에도 불구하고 한국에게 가장 위험한 각본은 서울에 대한 전격적인 기습공격이다. 서울은 휴전선에 워낙 가깝고, 서울 북방에 자동차 전용도로가 너무나 잘 발달되어 있어서 물리적으로 북한군은 삽시간에 서울에 접근할 수 있기 때문이다. 철원과 김포의 접근로가 어느 정도 개방되어 있어서 양익포위도 가능한 상황이다. 서울은 한국의 정치 및 행정 중심지라서 서울만 점령하면 한국의 기능은 거의 마비되고, 장기적인 점령을 통해 북한이 서울점령을 기정사실화할 경우 한국은 쇠락하면서 결국은 북한의 통제 하에 들어갈 수밖에 없다. 특히 서울에 대한 북한의 기습공격은 밤사이에 진행되어 미국이나 국제사회에게 지원의 결정과 시행을 위한 시간을 부여하지 않을 수도 있다는 점에서 매우 위험하다.

북한의 도발 가능성을 높이는 가장 결정적인 요소는 한미동맹의 균열이다. 북한은 한미동맹이 붕괴되어 미국의 핵우산만 제공되지 않으면 한국을 정복하는 것은 쉽다고 생각할 것이기 때문이다. 그래서 북한은 집요하게 핵우산 철거와 한미동맹 철폐를 요구하고 있는 것이다. 그런데 최근 한미동맹에 적지 않은 균열이 발생하고 있고, 이것은 북한에게 전쟁발발의 유혹을 느끼게 만들 수 있다. 한미 양국 정부는 겉으로는 한미동맹이 공고하다고 말하지만, 북핵에 대한 정책공조나 유사시를 대비한 확장억제 이행태세 강화는 거의 시행되지 못하고 있다. 한국은 미국에 대한 정책을 결정할 때 중국의 눈치를 끊임없이 보고 있고, 방위비분담에도 계속 인색한 모습을 보이고 있다. 북핵 위협이라는 너무나 위험한 상황에서도 한국은 한미연합사령관을 한국군 대장으로 임명함으로써 한반도 방어에 대한 미국의 책임의식을 면제시켜주려고 노력하고 있다. 2019년 미 의회에서 주한미군을 현 수준으로 유지하도록 입법화한 것이나 한미동맹의 중요성을 강조하는 결의안을 발표한 것은 현 트럼프 행정부에서 주한미군 철수와 한미동맹 포기의 움직임이 존재하기 때문이라고 봐야 한다. 미국이 고문단 500명만 남긴 채 미군을 철수시킨 1년 후 6 · 25 전쟁이 발발했듯이 주한미군 철수는 북한에게 남한 침략의 청신호로 인식될 것이다.

## 2
## 미국의 확장억제 강화

### 1) 미 확장억제 붕괴 위험성 인식

무엇보다 먼저 한국은 현재의 북핵 수준에서도 그러하지만 앞으로 북한이 핵능력을 더욱 고도화할 경우 미국이 약속해온 확장억제는 지켜지지가 어렵다는 사실을 인정해야 한다. 당연한 사항으로서 미국이 서울을 지키기 위해 뉴욕에 대한 북한의 핵공격 가능성을 감수하지는 않을 것이기 때문이다. 한국이 동맹국인 미국의 이익을 수호해주고자 스스로에 대한 위험을 감수하지 않으려는 것과 동일하다. 미국은 한국 때문에 북한 나아가 중국 등과의 핵전쟁에 연루(Entrapment)되는 위험을 두려워하지 않을 수 없다. 그래서 미국은 북한의 핵능력이 상당할 정도로 강화되자 '핵우산'이라는 용어부터 사용하지 않기 시작했다. 북한이 ICBM과 SLBM을 완성할 경우 미국은 한국을 포기해야 하는지에 대한 진지한 논의를 시작할 것이다.

한국의 가치가 미국의 생존을 좌우할 수 있는 사활적(Vital) 수준이라면 미국은 핵전쟁 연루의 위험도 감수할 것인데, 한국의 가치가 그 정도이기는 어렵고, 최근 들어서 더욱 낮아지고 있는 것이 사실이다. 미국에게도 한미동맹은 아시아의 세력균형에 참여하는 좋은 명분이고, 단일 해외기지로서 가장 넓다는 $15km^2$ 규모의 평택기지를 활용할 수 있는 이점이 크다. 그러나 이러한 것이 핵전쟁을 감수할만한 사활적 가치는 아니다(Smith, 2015: 11). 6 · 25전쟁 발발 직전에도 미국은 주한미군을 완전히 철수시켰고, 닉슨, 카터, 부시(George Bush) 대통령 시절에도 주한미군을 부분적으로 철수시켰으며, 최근에도 그러한 움직임이 없지 않다. 한국은 미국의 전략적 경쟁자인 중국의 눈치를 보면서 인도-태평양 전략에도 참가하지 않고 있고, 미국이 요구하는 방위비분담에도 소극적이다. 미일동맹이 강화될수록 한미동맹의 가치가 줄어든다는 분석처럼(김준현, 2009: 111) 경제력과 군사력, 그리고 충성도까지 갖춘 일본의 존재는 한미동맹이 없어도 괜찮다는 판단을 가능하게 한다.

실제로 트럼프 대통령은 평소부터 주한미군의 불필요성을 주장했었고, 2018년 6월 12일 싱가포르 회담 직후에도 동일한 말로 한국을 불안하게 만들었다. 미 의회에서 주한미군 감축을 어렵게 하는 내용을 연례적이지만 '국방수권법'에 포함시킨 것 자체가 트럼프 행정부에서 주한미군 감축의 움직임이 있다는 반증이다. 2018년 6월에 발표한 미국의 '인도-태평양 전략 보고서'를 보면, 일본은 '인도-태평양 지역'의 평화와 안전, 한국은 '한반도와 동북아시아 지역'의 평화와 안전에 중요하다고 차별해 평가하면서 한국의 자체 방위력 노력을 강조하고 있어 미국이 한국을 방기할 수 있다는 인식이 드러나고 있다(Department of Defense, 2018c: 24-26). 이제 한국 정부는 미국이 한미동맹 또는 한국을 어떻게 평가하는 지를 냉정하게 파악하고, 정확한 현실에 근거해 한미동맹 강화를 위한 실질적인 과제를 도출해 시행해 나가야 할 것이다.

### 2) 미 확장억제 이행 노력 강화

북핵 억제 차원에서 미 확장억제의 보장도를 강화하기 위해 한국이 최우선적으로 노력해야 할 일은 최소한 한미동맹을 2017년 이전의 수준으로 조기에 복귀시키는 일이다. 북한이 핵무기를 폐기한다는 기대로 인해 한미동맹의 수준을 다소 약화시켰다면 북핵 폐기가 어려워진 현재는 한미동맹을 원위치하는 것이 정상적이기 때문이다. 당연히 북핵 폐기의 기대에 근거해 폐지 또는 약화시킨 한미연합훈련을 원래의 수준으로 복원시켜야 할 것이고, 양국 국방부 간에 설치되어 있는 '확장억제 전략위원회'와 외교라인을 중심으로 구축되어 있는 '확장억제 전략협의체'를 활성화해야 할 것이다. 그 외에도 과거에 비해서 소극적으로 가동되고 있는 한미 양국군 간의 다양한 정책협의체를 재활성화해 나가야 한다.

확장억제 강화 차원에서 한국이 현 정책방향을 변경해야 할 실질적인 과제는 북핵 문제가 해결될 때까지는 현 한미연합사령부 체제를 변경하지 않는 것이다. 문재인 정부는 북핵 위협 상황과 상관없이 자주를 강조해 한국군을 한미연합사령관으로 임명하는 방안을 집중적으로 추진하고 있는데, 그렇게 할 경우 한미연합부사령관인 미군이 한반도 방어를 위해 적극적으로 노력하기는 어려워질 것이기 때문이다(박휘락, 2019b: 31-34). 북핵 위협 상황에서 핵무기에 관한 세부적인 제원은 물론이고 핵전력 운영에 관한 아무런 경험이 없는 한국군이 한미연합사령관으로서 북한의 핵공격을 억제 및 방어할 수 있다고 주장하는 것은 논리적이지 않다. 한국 정부는 2014년 한미 양국이 합의한 대로 "① 한국군의 한미 연합방위 주도를 위한 핵심군사능력 확보, ② 북핵 · 미사일 위협에 대한 한국군의 초기 필수대응능력 구비, ③ 전시 작전통제권 전환에 부합하는 안정적인 한반도 및 지역 안보환경 관리"라는 조건에 부합될 때까지(국방부, 2016: 132) 현 지휘체제를 유지하면서 한미연합사령관에게 북핵 억제 및 방어를 위한 실질적인 한미연합군의 조치를 발전 및 시행하도록 지도할 수 있어야 한다.

미국의 확장억제 보장도를 강화하기 위해 필요하다면 한국은 핵전쟁 연루에 대한 미국의 우려를 감소시키는 조치까지 배려할 수도 있다. 사드 배치의 경우에서와 같이 주한미군의 자체적인 북핵 방호 노력을 적극적으로 지원해야 할 것이고, 한미연합 BMD로 전환함으로써 주한미군과 한국군의 BMD를 통합하면서 상호 간의 보완효과를 극대화할 수 있어야 한다. 당연히 주한미군 기지에 대한 원거리 방어와 근거리 방어를 위한 노력도 강화하고, 필요시 주한미군 가족의 후송작전(NEO: Non-combatant Evacuation Operations)에도 지원을 아끼지 않아야 한다. 미국을 직접 위협할 수 있는 북한의 핵기지에 대해 제한적 정밀타격이나 특수팀을 통한 적시적인 파괴작전을 계획할 필요도 있다. 미국으로 하여금 한국이 그들 군대의 안전을 최우선적으로 고려하고 있다고 생각하게 만들고, 한미 양국군이 단결해 대응할 경우 북한의 핵위협을 충분히 무력화시킬 수 있다는 확신을 줄 필요가 있다.

### 3) 미 핵무기 전진배치

전적으로 미국이 결심해야 하는 사항이지만 북핵의 억제 및 대응 차원에서 가장 효과적인 방안은 미국의 핵무기를 한반도에 전진배치하는 것이다. 현재의 확장억제 개념은 미 본토에 있는 전략핵무기를 사용하는 것인데, 그 핵무기들은 위력이 너무 커서 사용을 결심하기가 어렵고, 북한도 그렇게 생각할 가능성이 크다. 그러나 유럽의 경우처럼 현장에 배치되어 있으면 사용의 결정이 용이할 수 있고, 위력이 적을 수 있어서 북한도 확장억제의 신뢰성을 믿을 수밖에 없다. 북한의 재래식 위협을 억제하기 위해 주한미군을 전진배치 시키는 것과 동일한 논리이다.

미국이 전진배치 시키는 핵무기는 위력이 다소 약해서 '전술핵무기' 또는 '비전략핵무기'라고 하는데, 이를 배치하면 한반도에서 핵전쟁 위험성이 높아지거나 핵군비경쟁이 가열될 위험성이 없는 것은 아니다. 그러나 북한의 핵무기 개발로 붕괴된 남북한 간의 핵불균형을 일거에 회복하게 되고, 북한이 기습공격 하더라도 소형 핵무기로 그 후속제대를 초토화시켜 금방 차단할 수 있는 장점이 크다. 이렇게 되면 핵무기의 실익이 없다고 판단한 북한은 핵무기를 폐기하면서 경제발전을 달성하겠다는 결심을 할 수도 있고, 한국 자체 내의 핵무장 논의도 방지할 수 있다. 북한이 핵무기를 폐기하면 전진배치된 미국의 핵무기는 철수시키면 된다(박휘락, 2019a: 123-148).

과거 냉전시대처럼 미국의 핵무기를 한국에 배치하는 것이 우선적이다. 그러나 한국의 경우 국토가 좁고, 북한이 그동안 발달된 미사일로 배치지역을 공격할 수 있다는 취약점이 있다. 이런 점에서 현재 유럽에서 가동되고 있는 '핵공유 체제'를 일본을 포함한 동북아시아에 창설하는 방안을 심각하게 고려할 필요가 있다. 미국의 실무자들도 북핵에 대한 가장 현실적인 억제 및 대응책으로 이 방안을 제안하고 있다(Kort, et al., 2009: 84). 이를 위해 한국은 북핵이 해결될 때까지는 역사적 감정에서 벗어나 일본과의 협력을 강화할 필요가 있고, 호주나 필리핀을 비롯한 다른 미국 동맹국들과의 협력도 주저하지 않아야 한다. 향후 북핵 외교는 동북아시아의 핵공유 체제 구축에 두어져야 할 수도 있다.

미 핵무기 전진배치 방안으로 이미 미국이 시행하고 있는 사항은 잠수함에서 발사할 수 있는 소형 핵무기를 제작한 것이다. 이것은 TNT 5킬로톤 정도 저(低)위력을 가진 'W76-2' 소형 핵무기로서 2019년 12월 미국은 최초로 기존 전략잠수함의 SLBM 중 일부에 탑재해 배치했다(양승식, 2020: A10). 이것은 위력이 작아서 주어진 목표만 타격할 수 있어 부수피해(Collateral Damage)를 최소화할 수 있고, 그만큼 사용하는 데 부담이 적다. 그렇게 되겠지만 만약 이 잠수함이 한국 근해에 상시 운영될 경우 확장억제 이행이 훨씬 용이해지고, 그만큼 북한에 대한 억제효과는 커질 것이다. 잠수함이기 때문에 관련 국가의 사전 동의를 얻을 필요도 없고, 고정되어 있지 않아서 적에게 표적이 되지도 않을 것이며, 해저에서 은밀하게 접근해 타격할 수 있기 때문에 북한의 공포심은 더욱 커질 것이다. 앞으로 미국은 잠수함 발사순항미사일(SLCM: Submarine Launched Cruise Missile)도 개발한다는 계획이기 때문에(Department of Defense, 2018b: 54-55) 잠수함을 통한 북핵 억제의 효과는 더욱 높아질 수 있다. 당연히 한국은 이 방안에 대해 미국과 긴밀하게 협의하고, 필요시에는 북한에게 이들의 존재와 위력을 공개함으로써 억제효과를 가시화할 수도 있다.

## 3
## 한국의 자체적인 북핵 대응

이제 한국은 국가의 존망을 걸고 북한의 핵위협을 억제 및 방어하기 위한 모든 대응방안을 강구해야 한다. 한미동맹을 최대한 활용하지만, 그것이 제대로 이행되지 않을 경우까지 생각해 자체적인 대비책을 마련하는 데 집중적으로 노력해야 한다. 사실 외교적 비핵화를 위해 노력하더라도 이러한 조치는 게을리하지 않아야 하는데, 그동안 북핵 폐기에 대한 성급한 기대로 등한시한 부분이 많았고, 따라서 보강해야 할 요소도 적지 않다.

### 1) 최소억제

우선 한국은 최소억제의 개념에 기초해 북한의 핵공격을 자체적인 비핵전력으로 억제한다는 개념을 수립해 공식화한 다음, 적절한 명칭으로 부르면서 국가 제부분의 노력을 한 방향으로 결집시킬 필요가 있다. 과거에 "능동적 억제전략"이나 "적극적 억제전략"이라는 명칭을 붙인 적이 있고, "정밀억제전략"을 제안한 사례도 있다(박휘락, 2013: 168-175). 어떤 명칭이든 한국의 핵대응전략은 한국이 보유하고 있는 첨단 군사력의 이점을 최대한 활용해야 할 것이고, 북한 수뇌부를 '전략적 중심(Strategic Center of Gravity)'으로 간주해 공략하는 데 중점을 두어야 할 것이다.

비핵전력을 중심으로 하는 최소억제는 보복력이 부족하다는 점에서 인도와 파키스탄이 채택하고 있는 '신뢰적 최소억제'의 개념을 참고할 필요가 있다. 비핵 보복능력을 구비하거나 과시하는 데 그치지 말고, 그의 감행을 위한 강력한 의지를 계속적으로 전달함으로써 상대방에 대한 억제의 효과를 높여야 한다는 것이다. 지나치게 노골적일 경우 불필요한 긴장을 고조시킬 수 있기 때문에 한국은 모호성을 유지하면서도 적절한 상황에서 강력한 보복의지를 과시할 필요가 있다. 예를 들면, 한국은 현재 30미터 정도의 관통력을 자랑하는 GBU-28을 수백 발 보유하고 있는데, 이것을 관통력 60미터 이상인 GBU-57로 교체하거나 자체적으로 위력이 큰 정밀유도 벙커버스터를 개발함으로써 비핵 최소억제를 위한 역량과 그 의지를 북한에게 실증적으로 과시할 필요가 있다. 또한 한국군은 2017년 한미 미사일 협정 개정에 성공해 탄두중량을 무제한으로 늘릴 수 있기 때문에 이

미 상당한 진전을 이룬 바와 같이 비핵 고폭탄으로도 대량살상을 가능하게 하는 무기체계를 지속적으로 개발하고, 유사시 사용할 수 있는 태세를 구비해야 한다.

나아가 한국은 북한 수뇌부의 위치와 동선을 정확하게 파악하기 위한 정보역량을 강화하면서 다양한 형태와 위력의 정밀 유도무기를 개발해 북한이 핵공격을 감행하거나 국가 수뇌부에서 결정할 경우 즉각 타격해 무력화시킬 수 있는 준비를 갖추어야 한다. 다양한 형태의 비(非)살상무기나 사이버무기도 유용할 수 있고, 북한의 전력망과 지휘통제체제 마비가 가능한 첨단 신형무기의 개발에도 노력할 필요가 있다. 이러한 무기 개발의 사실과 수준을 상황에서 따라 적절하게 공개하는 것도 당연히 검토해야 할 것이다.

## 2) 선제타격 · 예방타격

한국은 F-35와 글로벌 호크 등의 도입으로 북한에 대한 선제타격력 자체는 무척 향상됐다. 다만, 북한은 고체연료를 사용해 5분 이내에 핵미사일 공격을 가할 수 있기 때문에 선제타격의 시점을 당기기 위한 노력이 절대적으로 필요하고, 이러한 점에서 한국은 예방타격 개념과의 혼합을 진지하게 검토해볼 필요가 있다. 핵무기가 등장한 이후 국제사회에서는 위협의 심각성, 발생의 가능성, 지체에 따른 위험, 예상되는 피해의 규모 등을 다각적으로 고려해 사전공격의 정당성 여부를 판단해야 한다는 주장도 적지 않다(Walzer, 2000: 74; Yoo,

2004: 18). 트럼프 등장 이후 미국에서 제기한 '군사적 옵션'도 북한의 핵미사일 공격 징후가 없어도 사전에 공격해 파괴한다는 예방타격의 개념에 근거한 것이었다. 실제 상황에서 시행을 결정할 때는 국제적 반응 등 더욱 다양한 요소를 고려해야겠지만, 이전에 비해서 타격의 시점을 앞당기지 않을 경우 선제타격 자체가 무용해질 수 있다.

최소억제를 위해 사용되는 모든 공군력과 미사일은 선제타격에도 사용될 수 있지만, 선제타격에서는 정확성이 더욱 중요하다는 점에서 정밀유도무기(PGM: Precision Guided Munition)의 비중을 더욱 높일 필요가 있다. 현재 한국은 사거리 270km의 슬램-ER(SLAM-ER) 공대지미사일(40발)과 사거리 500km의 타우러스(Taurus) 공대지미사일 수백 발을 보유하고 있는데, 이들은 대부분이 표적으로부터 3미터 이내에 떨어질 정도로 정확하다. 앞으로는 이들을 국산화한다면 더욱 저렴하게 더욱 많은 양을 확보해나갈 수 있을 것이다. 다양한 무인공격기도 개발해 효과적이라고 판단될 경우 투입할 수 있어야 할 것이고, 북한 핵미사일의 이동을 방해할 수 있도록 도로 · 교량 · 터널 등을 즉각적으로 파괴시키거나 무력화시키기 위한 장비를 개발할 필요가 있다.

선제타격의 성공을 위한 관건은 국가 지도자의 적시적이면서 신속한 결심이다. 지체할 수 있는 시간이 수 분에 불과할 수 있기 때문이다. 다만, 선제타격은 북한과의 핵전쟁으로 상황을 악화시킬 수 있다는 위험부담이 커서 결정이 쉽지 않기 때문에 사전에 체제를 정비해두지 않을 경우 적절한 시기를 넘기거나 예상치 못한 착오가 발생할 가능성이 없지 않다. 한국은 선제타격의 시행을 위한 결심권자와 결심의 체계를 명확하게 정립하고, 연습을 통해 그의 현실성을 지속적으로 개선해 나가야 할 것이다. 위임이 필요한 사항은 과감하게 위임해야 할 것이다.

### 3) 탄도미사일 방어

북한과 인접하고 있다는 원초적 제한사항과 함께 최근 북한이 종말단계에서 요격회피 기동을 하는 신형 미사일을 개발함에 따라 한국의 탄도미사일방어(BMD)는 더욱 어려워지고 있다. 러시아의 이스칸데르 미사일 요격에 대해서는 미국도 어려움을 겪고 있다는 점에서 한국은 주한미군 또는 미국과 적극적 협력해 새로운 해결책을 찾아나갈 필요가 있다. 그 외 북한의 다양한 신형 미사일에 관한 해결책을 한미 양국군이 함께 모색하고, 현재 한국이 개발하고 있는 중거리 및 장거리 요격미사일에 관해서도 그 기술 수준을 미국과 협력해 보완할 필요가 있다. 필요할 경우 BMD에 관해 높은 기술을 보유하고 있는 일본과의 협력도 모색할 필요가 있을 것이다.

BMD 역량을 집중적으로 강화하거나 미군과의 유기적 협조를 보장하기 위해 한국은 그를 담당하는 조직을 독립시키고, 확충할 필요가 있다. 지휘의 일원화가 보장되어야 그를 위한 능력의 구축이나 그러한 능력의 활용이 효과적으로 추진될 수 있기 때문이다. M-SAM과 L-SAM 등 후속무기체계가 추가될 경우 공군에 속한 현 방공유도탄사령부 체제로서는 업무영역이 과도해지는 점도 없지 않다. 이러한 점에서 현 방공유도탄사령부를 '합동방공사령부'를 격상시킴으로써 그 위상을 강화하고, 합참의장이 BMD에 관한 육군, 공군, 해군의 모든 전력을 통합시킬 필요가 있다.

한국의 BMD에서 최우선적인 중점이 두어져야 하지만 북한과의 거리가 짧아서 방어가 현실적으로 어려운 것이 수도 서울의 방어이다. 일단 서울에 대한 하층방어를 위해 PAC-3 포대를 중첩적으로 배치하고(대체적으로 4개 포대), 개발 중에 있는 L-SAM을 활용해 PAC-3보다 조금 더 높은 고도(예를 들면, 20~100km 고도)에서 요격할 수 있는 중층방어(Middle-tier Defense)로 배치해 2회의 요격을 보장할 필요가 있다. 서울 이외 전국의 주요 도시에도 필요한 PAC-3 포대를 배치해야 하는데, 1999년 미 국방부에서 검토한 자료를 보면 한국에게 적절한 PAC-3 포대는 25개 정도로 판단한 바 있다(Department of Defense, 1999: 11). 따라서 현재의 8개 포대를 제외하면 대체적으로 17개 포대, 즉 최소한 4~5개 대대(16~20개 포대)는 추가로 확보해야 한다. M-SAM이 전력화될 경우에도 그것과 PAC-3의 합은 대체적으로 6~7개 대대(24~28개 포대) 이상은 되어야 할 것이다.

한국은 전국적 범위에서 상층방어 역량도 강화하지 않을 수 없다. 현재 성주에 배치되어 있는 1개 포대의 사드로는 미흡하다는 점에서 사드를 대체할 수 있도록 L-SAM의 능력을 강화할 필요가 있고, 그 후 L-SAM과 미군의 사드를 효과적으로 결합해 상층방어의 범위를 확대해 나가야 할 것이다. 미군이 사드의 성능을 개량해 방어범위를 넓히게 된다면 한국의 상층방어 능력은 더욱 강화될 것이다. SM-3 요격미사일을 탑재해 운용할 수 있는 이지스함 요격체계에 대해서는 한국 상황에서 타당성이나 우선순위가 높은지를 더욱 냉정하게 검토한 후 획득 여부와 규모를 결정해야 할 것이다.

### 4) 핵대피

비록 국민들을 불안하게 만들 소지가 없는 것은 아니지만 한국도 어떤 식으로든 핵민방위를 추진해 핵폭발 시 대피 조치의 효과 정도를 강화하지 않을 수 없다. 정부는 기존의 민방위에 핵무기에 의한 공격 상황을 포함시켜서 시행해야 할 것이고, 이를 담당하는 부서를 확충하며, 경보와 안내, 대피소 구축, 국민들의 이탈(Evacuation)을 체계적으로 준비 및 시행해 나갈 수 있어야 한다. 국민들에게도 핵대피에 필요한 상식을 충분히 전파시켜 필요한 사항을 충분히 숙지하도록 지원해야 할 것이다. 핵폭발 시를 대비한 경보와 안내체제의 경우 극한 상황에서의 신뢰성을 고려해 사이렌이나 라디오 등 원시적인 수단도 구비하면서, 휴대폰을 통한 문자전송 시스템 등 현대적인 기술을 최대한 활용할 필요가 있다.

핵대피에 관한 핵심적인 사항은 대피소의 구축인데, 핵공격으로부터의 대피까지 가능하도록 기존 민방위 시설의 두께와 기능을 보완하거나 대형건물의 지하에 있는 상가나 주차장, 그리고 지하철 공간을 공공대피소로 보강하는 방향으로 노력할 경우 최소의 비용으로 조기에 상당한 대피소를 확보할 수 있다. 아파트 단지별로 지하주차장의 출입문과 창문만 보완해도 핵대피소로 유용하게 활용할 수 있고, 환기, 식수, 음식을 준비해둘 경우 상당한 기간 동안 대피생활을 보장할 수 있다(박휘락, 2014: 124-126).

# 4 결론

누구나 알고 있는 말이지만 국가안보는 요행을 바라는 것이 아니다. 북한이 어떤 동기로든 스스로 핵무기를 폐기한다면 이보다 더욱 좋은 결말은 없다. 그러나 지금까지의 경험으로 보거나 논리적으로 판단해봐도 북한이 그렇게 할 가능성은 매우 작다. 북한은 사실상의 핵보유국으로 행세하다가 적정한 상황이 도래했다고 판단할 경우 1950년에 이룩하지 못한 무력통일을 달성하고자 할 것이다. 관상용으로 사용하고자 그렇게 천신만고를 거쳐서 핵무기를 개발한 것이 아니기 때문이다.

문제는 북한의 핵능력이 고도화될수록 미국이 한국을 방기할 가능성이 높아진다는 사실이다. 한국을 방어해주고자 북한, 나아가 중국 또는 러시아와의 핵전쟁 위험을 감수하지는 않을 것이기 때문이다. 북한이 미국 본토에 대한 공격능력을 지속적으로 강화하는 것도 핵공격 가능성으로 위협할 경우 미국이 한미동맹을 철폐할 수도 있다고 판단하기 때문이다. 한국에게는 한미동맹을 강화하는 것보다 더욱 효과적인 북핵 억제 및 방어책이 없는 것은 사실이지만, 한미동맹 없이도 국민의 생명과 재산을 수호할 수 있는 진정한 '플랜 B'를 고민하지 않을 수 없는 이유이다.

말할 필요도 없이 한국에게는 한미동맹을 강화해 미국의 확장억제 이행태세를 보강하는 것이 가장 중요하고, 효과적이다. 미국만이 북한의 핵위협을 쉽게 억제 및 차단할 수 있기 때문이다. 한미 양국 국방부 간에 설치되어 있는 '확장억제 전략위원회'를 적극적으로 가동해 필요한 양국의 대책을 협의 및 조정하고, 북핵 위협 해결 때까지는 현 한미연합지휘체제를 유지하면서 한미연합사령관에게 구체적인 억제 및 방어계획을 수립해 대비하도록 요구해야 한다. 그럼에도 불구하고 북한이 오판할 수 있다는 차원에서 미국의 핵무기를 한반도에 전진배치할 것을 요구하고, 가능하다고 판단할 경우에는 한미일 3국 또는 다른 인도-태평양 지역 미 동맹국까지 포함하는 핵공유체제를 창설할 수도 있다. 동시에 현재 미국이 개발한 W76-2와 소형핵무기를 탑재한 잠수함을 한반도 근해에 상주시키면서 필요하다고 판단할 경우 그 사실을 북한에게 알림으로써 억제효과를 유도할 수 있다.

그런 다음에 한국은 미국의 확장억제가 약속한대로 이행되지 않더라고 국민을 보호할 수 있도록 우선은 최소억제 개념에 근거한 비핵 억제태세를 집중적으로 강화하지 않을 수 없다. 핵전쟁은 억제가 최선이기 때문이다. 창의성을 발휘해 계획을 수립하고, 첨단 무기 및 장비의 위력을 최대한 활용할 경우, 북한과 같은 권위주의적 체제에게는 북한 수뇌부에 대한 '참수작전'이 상당한 억제효과를 발휘할 수 있다. 특히 F-35전투기와 글로벌 호크 무인정찰기의 도입으로 이 분야의 능력이 크게 확충된 점이 있고, 4톤 이상의 탑재중량을 가진 탄도미사일도 개발한 상태이다. 한국은 비핵 최소억제를 근간으로 하는 한국 나름의 북핵 억제개념을 정립하고, 이것을 구현하기 위한 능력을 구비하면서, 북한 비핵화의 진전 상황에 맞춰서 필요한 부분을 공개해 북한 지도부에게 심리적 압박을 가할 필요가 있다.

선제타격의 경우 과거에 비해서 한국군의 능력도 확충됐지만, 북한도 고체연료를 위주로 하는 다양한 신형 미사일들을 개발해 5분 이내에 발사할 능력을 갖추게 되어서 현실적으로 문제가 발생한 상태이다. 이제는 북한이 핵미사일로 공격할 것이라는 징후가 명확할 때까지 기다릴 것이 아니라 그 이전의 어느 시점에서 타격하는 예방타격의 개념을 적극적으로 도입하지 않을 수 없다. BMD의 경우에도 최종단계에서 비행경로를 변경하는 북한의 신형 미사일을 요격할 수 있어야 한다는 점에서 미군과의 협력을 강화하고, 기존 무기체계의 성능을 지속적으로 개량해야 할 것이며, '합동방공사령부'를 창설함으로써 전군 차원에서 조직화된 BMD를 추진할 필요가 있다. 나아가 일본이나 하와이의 사례를 참고해 핵대피 훈련과 핵대피소 구축에도 노력함으로써 국민의 불안과 부담을 최소화할 수 있어야 할 것이다.

국가안보는 1%의 가능성에도 대비해 만전을 기해야 하는 사안이기 때문에 당연히 낭비의 요소가 발생할 수 있다. 대화와 협상을 통해 북한의 핵무기를 폐기시킨다면 이 보다 더욱 바람직한 일은 없지만, 북한의 선의에만 의존한 채 자체적인 억제 및 방어 노력을 등한시하는 것은 바람직한 자세가 아니다. "평화를 원하거든 전쟁을 대비하라"라는 말이 지금보다 절실한 시기는 없었다.

# 나가며

## 7

6·25전쟁 직전의 안일했던 전쟁대비를 역사책을 통해 배우면서 우리는 선조들이 "어떻게 저렇게 국가안보를 등한시했을까"라면서 의아해하고, 비판한다. 조금 더 거슬러 올라가면 한말의 역사를 통해서도 우리는 분개한다. 얼마나 정부가 무능했으면 중국 외교관이 조선의 상황을 '연작처당(燕雀處堂)'으로 묘사하면서 개인적으로 썼다면서 『조선책략』(朝鮮策略)이라는 책을 외교방책으로 제안해주었을까? 그 이전의 임진왜란이나 정묘 및 병자호란을 통해서도 우리는 선조들이 얼마나 안일하게 대비했고, 무참하게 패배했던가를 탄식한다. 그러나 나중에 후손들이 현 시대의 역사를 공부하고 나서 그리 다르게 평가할까?

북한의 핵무기 개발은 6·25전쟁 직후부터 시작됐다. 비밀리에 추진해오던 핵개발 프로그램이 국제사회에 분명하게 노출된 것이 1993년, 그로부터 30년 가까운 세월이 흘렀다. 그러는 동안에 한국에는 수많은 정부들이 들어섰다가 교체되곤 했지만 어느 한 정부도 북한의 핵무기 개발을 차단하지 못했다. 어떤 정부들은 이런 저런 명목으로 자금을 지원해 북한의 핵무기 개발을 지원한 결과를 초래하기도 했다. 그 결과로 북한은 한발로 1개 대형 도시를 초토화시킬 수 있는 수소폭탄을 개발해 수십 개 보유하게 됐다. 그리고 우리는 '연작처당'의 묘사처럼 위험을 위험인줄 모른 채 태평이다. 핵무기를 가진 북한과 휴전상태로 대치하고 있으면서도 그 핵무기 공격을 두려워하지도 않고, 대책도 강구하지 않는다. 곧 핵무기가 폐기될 것으로 믿으면서 유유자적(悠悠自適)이다. 이전의 역사와 크게 다른가?

다행히 과거와 다른 한 가지가 있다. 그것은 세계 최강의 국력, 영향력, 군사력을 보유하고 있는 미국과 동맹관계를 맺고 있다는 것이다. 그런데, 일부 인사들은 이 마저도 가볍게 생각하면서 '자주'라는 명분으로 붕괴시키고자 한다. 그러면서 내 스스로 지킬 수 있는 노력에는 별로 관심이 없다. 역사와 유사해져가고 싶은 것인가?

## 8

문재인 정부는 이전 정부와도 매우 다른 북한 또는 북핵 접근방법을 지니고 있다. 북한이 핵무기 포기를 위한 전략적 결정을 내렸다고 판단한 나머지 북한에게 잘 해주기만 하면 결국 핵무기를 포기하면서 남북관계도 풀릴 것이라고 생각한다. 그래서 북한의 핵무기를 위협으로 생각하지 않고, 북한이 핵무기로 우리를 위협하거나 공격하는 최악의 상황에 대한 논의에는 소극적이다. 그러면서 대화와 협상을 통한 북핵 폐기에 모든 노력을 기울이고 있다.

2018년 4월 27일 판문점에서 남북 정상회담이 열리고, 여기에서 북한의 '완전한 비핵화'에 합의하자 대부분의 국민들은 대화와 협상을 통해 북한의 핵무기가 폐기되는 것으로 기대했다. 6월 12일 미북 정상회담이 싱가포르에서 개최될 때 그 기대는 최고조에 이르렀다. 그러나 싱가포르 회담에서 나온 결과는 판문점에서 언급한 그 '완전한 비핵화'라는 말뿐이었다. 그 이후 두 번의 남북 정상회담과 한 번의 미북 정상회담이 열렸지만, 북핵 폐기에 관해 이룩된 진전은 전혀 없었다. 오히려 북한은 그들이 합의한 것은 미국 핵우산의 철거였지 그들 핵무기의 폐기가 아니었다고 주장하고 있고, 사실상 핵보유국으로서 남한을 하대하고 있다.

역대 정부와 다르게 문재인 정부가 당당하게 자임한 것은 소위 '중재자론'이다. 북한의 핵무기는 한국에게 가장 심각한 위협이고, 우리는 당연히 당사자여야 하는데 중재자로 자리매김한 것이다. 미국과 북한 간의 직접협상은 남한의 정통성을 심각하게 훼손할 것이라서 모든 정부가 금기시하거나 최소한의 수준에서 조심스럽게 허용했던 것을 문재인 정부는 거리낌 없이 수용했을 뿐만 아니라 자청했다. 결국 북핵 폐기는 미국이 북한과 회담해 해결하도록 맡겨졌고, 한국은 회담 결과만을 기다려야 했다. 대통령은 비롯한 한국의 인사들이 북핵에 대하여 언급하는 바도 많지 않다.

어떤 근거에 의해 그렇게 생각하게 됐는지 알 수 없지만, 문재인 정부를 지지하는 인사들의 상당수는 북한이 전쟁을 할 여력도 없고, 전쟁이 발발해도 한국이 승리할 수 있으며, 북한은 절대로 핵무기를 사용할 수 없다고 생각하는 것 같다. 이들에게는 경제력이 전쟁의 승패를 결정하는 가장 중요한 척도라서 북한은 이제 남한의 상대가 되지 않는다. 핵무기를 사용하면 공멸이라는 것을 북한도 잘 알고 있기 때문에 전쟁을 발발할 수 없다고 단정한다. 이들에게 최악의 상황을 가정해 대비하는 것이 국방이라거나, 북한이 전 한반도 공산화라는 목표를 달성하기 위해 핵무기를 개발했다거나, 수소폭탄 1발이면 1개 대형도시가 초토화될 수 있다는 경고는 전혀 의미가 없다.

북한과 북핵에 관해 진보적이라고 자청하는 일부 인사들이 생각하는 바가 상식과 다른 것은 분명하다. "평화를 원하거든 전쟁을 대비하라" 대신에 "평화를 원하거든 평화를 말하라"라는 시각이기 때문이다. 핵국가에 대해 비핵국가는 항복하거나 초토화되는 두 가지의 선택지만 있지 승리할 수 없다는 국제정치학자의 경고는 그들에게 답답하게만 들린다. 세계 최강대국인 미국이 북핵에 대비해 탄도미사일방어체제를 보강하고, 'W76-2'와 같은 저(低)위력 핵무기까지 만들어 대비하는 것은 이들에게는 과잉대응일 뿐이다.

## 9

국가안보는 도박할 수 없고, 만전을 기해야 한다는 점에서 한국은 지금부터라도 상식 또는 통상적인 시각에서 북핵 문제를 해결하고자 노력해야 한다. 상식에 의하면 한국은 철저한 북핵 억제태세를 구비해야 하고, 최악의 상황에서도 국민을 보호할 수 있는 만반의 준비를 갖추어두어야 한다. 상식에 의하면 그를 위한 방향은 크게 두 가지인데, 하나는 '동맹(同盟)'이고 다른 하나는 '자강(自强)'이다.

다행히 선조들의 용단에 의해 한국은 세계 최강의 미국과 강력한 동맹관계를 유지해오고 있다. 미국은 '확장억제'라는 개념으로 북한이 한국을 핵무기로 공격할 경우 그들의 모든 역량을 총동원해 북한을 응징보복함으로써 한국을 방어해줄 것으로 약속하고 있다. 한국이 핵무기를 개발하지 않을 경우 미국의 힘을 빌리는 방법 이외에는 북핵으로부터 우리의 안전을 보장할 수 있는 대책이 없다. 당연히 한국은 이 한미동맹의 관리에 최대한 노력해야 한다. 한미동맹만 공고하면 북한은 물론이고 중국도 우리를 넘보지 못한다.

그런데, 인간관계도 지속되려면 서로에게 이익이 되어야 하듯이 국가 간의 동맹도 호혜성이 존재해야 오래 공고하게 지속된다. 그래서 선조들은 미군 주둔을 위한 토지를 제공하거나 세금을 감면했고, 미국이 주창하는 정책을 적극적으로 지원했으며, 심지어 베트남에 군대를 보내어 미국의 전쟁을 지원했다. 한국만 그러한 것이 아니라 유럽의 미국 동맹국들과 일본도 그렇게 한다. 그 결과 한미동맹이 70년 정도 모범적 동맹으로 유지되어온 것이다. 그런데, 미국에게 양보하는 몇 가지 작은 사안이 아까워 한미동맹을 훼손시키고, 국가안보를 위태롭게 만들며, 핵전쟁의 위험까지 감수하겠다는 것이 말이나 되겠는가?

다수의 인사들은 '자주(自主)국방'을 '자력(自力)국방'으로 인식하지만, 세계적인 상식은 그렇지 않다. 자주국방이라고 하여 내 힘만을 사용해야 하는 것이 아니고, 다른 국가와 협력을 하더라도 내 나름대로의 계산, 의지, 계획이 존재하면 그것은 자주국방이다. 내가 미흡한 부분을 동맹이라는 방편을 써서 메꾸는 것이 어찌해서 자주국방이 아니라는 것인가? 그런 기준이라면 이 세계에 자주국방을 하는 국가는 없다. 자주국방에서 근본적으로 중요한 것은 안보와 국방에 관한 그 나라 국민들의 주인의식과 책임의식이지, 자국의 군사력이냐 아니냐가 아니다. 북핵 해결을 미국에게 맡긴 채 중재자 역할을 자청하는 것이야말로 자주국방의 정신에 정면으로 배치되는 행위이다.

진정한 자주국방은 미국을 활용하되 미국이 자신의 국익을 위해 한국을 방기할 수 있다는 점까지도 우려해 그렇게 되어도 국민을 보호할 수 있는 조치까지 강구해두는 것이다. 미국의 핵우산이 제공되도록 최선의 노력을 경주하되 그렇지 않을 수도 있다는 것까지 감안해 스스로 억제 및 방어할 수 있는 방책들을 개발하고 구현해두는 것이다. 핵공격을 가하면 모든 북한 수뇌부들을 확실하게 사살하겠다고 공언하면서 유사시 그를 확실히 이행할 수 있는 계획과 능력을 구비함으로써 북한이 핵전쟁은 마음도 먹지 못하도록 압박하는 것이 자주국방이다. 북한이 핵공격을 감행하고자 하는 기미가 있을 경우 선제타격으로 이를 파괴시키고, 더욱 위급한 상황에서는 예방타격도 감행하는 것이 자주국방이다. 최악의 상황까지 가정해 국민 모두가 대피할 수 있는 시설을 구축하고, 대피요령을 국민들에게 사전에 충분히 알려주는 것이 진정한 자주국방이다.

## 10

자주국방의 또 다른 말은 총력안보이다. 북핵과 같은 심각한 위협은 국민 모두가 똘똘 뭉쳐 대비해야 만전을 기할 수 있기 때문이다. 과거 재래식 위협 대응에도 총력안보가 필요했는데, 핵위협까지 추가됐으니 총력안보는 더욱 철저해져야 한다.

당연히 정치지도자부터 확고한 안보의식과 국방에 대한 신념과 철학을 보유해야 한다. 국내 정치적 유불리 계산에서 벗어나 안보에 필요한 방향과 내용으로 북한과 북핵에 접근하고 필요한 대비책을 강구해야 한다. 청와대를 비롯한 관련 정부부처에 북핵 대응을 위한 전문부서를 설치하고, 최고의 전문가들로 충원해야 한다. 다양한 의견의 자유로운 개진을 허용함으로써 집단사고에 빠지지 않도록 노력해야 한다. 그 외에도 수시로 전문가들의 의견을 수렴하고, 비판을 겸허하게 받아들임으로서 올바른 방향으로 국력을 총집결해 나가야 한다.

북핵에 대해 가장 심각한 책임의식을 느껴야 하는 조직은 군대이다. 정부의 정치적 성향과는 무관하게 안보 차원에서만 의견을 제시하고, 북한 또는 북핵을 비롯한 외부의 위협으로부터 국민의 생명과 재산을 보호하는 데만 집중해야 한다. '홍길동전 군대'로 비판받지 않도록 이제는 북핵의 위협 실상을 국민들에게 있는 그대로 알리면서 나름대로의 대응전략을 보고하고, 그의 구현에 필요한 조치들을 적극적으로 강구해 나가야 한다. 한미연합 차원에서 미국 국방부 및 주한미군과 적극적으로 협력해 나가야 하는 것은 너무나 당연한 과제이다. 모든 한국군 부대들은 최악의 사태를 상정해 필요한 만반의 대비태세를 유지하고, 예산과 무기 및 장비 증강, 훈련 등도 북핵 대비에 집중시켜야 한다. 모든 간부들은 북핵 위협의 실태, 북핵 대응방법에 관한 이론과 사례, 한국의 대비 실태, 그리고 한국군이 조치해야 할 방향을 학습 및 토론하고, 최선의 결론을 도출해 이행하고자 노력해야 한다.

언론과 지식인들도 적극 나서야 한다. 제3자처럼 방관하거나 논평하는 데 그쳐서는 곤란하다. 하물며 정부정책을 일방적으로는 옹호하는 것은 원래 사명을 저버리는 것이다. 언론과 지식인들은 북핵 대응에 관한 자체 토론을 강화하면서, 정부와 군대에게 제안할 사항이 있으면 적극적으로 전달하여 이행되도록 지원하고, 그것이 이행되는 지를 감시해야 한다. 북핵에 관한 정확한 정보와 지식을 생산해 국민들에게 적시적으로 알려줘야 한다. 근거 없는 루머가 발생할 경우 이를 신속하게 규명해 퇴출시킴으로써 혼란을 미연에 방지해야 한다. 정부나 군대가 잘못된 정책을 채택하고 있다고 판단될 경우 용기 있게 비판하면서 시정을 요구해야 한다. 언론과 지식인이 모범적인 자세로 나설 때 나라가 달라질 것이다.

국가의 다른 일도 마찬가지지만, 그럼에도 불구하고 국가안보 또는 북핵 문제가 잘못될 경우 그 근본적인 책임은 국민에게 있다. 민주주의 국가의 주인은 국민이기 때문이다. 국민들은 안보에 관한 정확한 지식을 가져야 하고, 일부 인사들의 루머에 속지 않아야 한다. 지도자를 선발할 때 안보에 관한 확실한 신념과 철학을 가졌는지 여부도 중요한 요소로 고려해 주권을 행사해야 한다. 정부에게 국가안보에 더욱 철저할 것을 요구하고, 그렇게 하지 않는 정부와 인사들에 대해서는 지지를 철회해야 한다. 특히 현 세대의 편안에 탐닉할 것이 아니라 미래 세대의 안전을 위해 불안과 부담을 감당하겠다는 자세를 가져야 한다. 결국 국민들의 안보수준이 그 국가의 안보수준을 결정한다.

# 참고문헌


## 단행본

국방부. 2016.『2016 국방백서』. 서울: 국방부.

______. 2019.『2018 국방백서』. 서울: 국방부.

권태영 외. 2014.『북한 핵 · 미사일 위협과 대응』. 서울: 북코리아.

안세영. 2003.『글로벌 협상전략: 협상사례 중심』. 서울: 박영사.

윤홍근 · 박상현. 2010.『협상게임: 이론과 실행전략』. 서울: 인간사랑.

정동준 외. 2019.『2018 통일의식조사』. 서울: 통일평화연구원.

하혜수 · 이달곤. 2017.『협상의 미학: 상생 협상의 이론과 적용』. 서울: 박영사.

함택영. 2006. "북한군사연구 서설: 국가안보와 조선인민군". 경남대학교 북한대학원 편,『북한 군사문제의 재조명』, 서울: 한울 아카데미.

## 논문 및 정기간행물

고유환. 2018. "2018 남북정상회담과 비핵평화 프로세스".『정치와 평론』 제22권 0호.

구본학. 2018. "싱가포르 미 · 북 정상회담 의미와 한국의 안보".『신아세아』 제25권 2호.

______. 2019. "판문점선언 1년: 평가와 전망".『신아세아』 제26권 2호.

김강녕. 2015. "북한의 대남도발과 한국의 대응전략".『군사발전연구』 제6권 3호.

김대현. 2017. "바른정당 김용태 의원의 '문재인 포퓰리즘'".『주간조선』 통권 2473호 (9월 4일).

김명수. 2010. “전시작전통제권 전환 정책연구: 의사결정과정을 중심으로”. 선문대학교 대학원 석사학위 논문.

김미경. 2019. “뉴스신뢰도… 뉴스관여도와 확증편향이 소셜커뮤니케이션 행위에 미치는 영향: 가짜뉴스와 팩트뉴스 수용자 비교”. 『정치커뮤니케이션 연구』 통권 52호.

김웅진. 2013. “집단사고로서의 연구방법론: 과학적 지식의 탈과학적 구성경로”. 『21세기 정치학회보』 제23집 3호.

김정섭. 2015. “한반도 확장억제의 재조명: 핵우산의 한계와 재래식 억제의 모색”. 『국가전략』 제21권 1호.

김진하. 2016. “북한의 ‘핵위기 · 평화협정 연계전략’과 과도적 합의론의 도전: 한미 반(反)북핵 독트린을 제안하며”. 『격변기의 안보와 국방』, 한국전략문제연구소 창설 30주년 기념 논문집.

김진환. 2013. “북한의 안보 전략 변화: ‘핵무기-안보 교환 전략’의 등장, 진화, 전환”. 『동북아연구』 제28권 1호.

김학민. 2016. “4차 북핵 실험과 우리의 대비 및 대응 방향”. 『국방정책연구』 제112호.

김현욱. 2019a. “하노이 북 · 미 정상회담 합의 무산과 향후 과제”. *IFANS FOCUS*. IF 2019-05K (3월).

______. 2019b. “미북 정상회담 평가 및 향후과제”. 2019 북한연구학회 춘계학술회의 발표 논문.

김형빈 · 박병철. 2019. “문재인 정부 대북정책의 중간 평가: 성과와 과제”. 『통일전략』 제19권 1호.

김홍회. 2000. “IMF 외환위기에 이르는 과정에서의 정부고위정책관료의 의사결정과정 연구: Janis의 집단사고(groupthink)를 분석의 틀로”. 『한국행정학보논집』 제34권 4호.

김화진. 2016. “국제법 집행수단으로서의 경제제재와 금융제재”. 『저스티스』 제154호.

민정훈. 2019. “2차 북미정상회담 평가 및 전망”. 『세계지역연구논총』 제37집 1호.

박광득. 2018. “북미정상회담이 남긴 딜레마와 과제에 대한 연구”. 『대한정치학회보』 제26권 3호.

박상중. 2013. “전시작전통제권 전환의 정치적 결정에 관한 연구: 정책흐름모형을 중심으로”. 서울과학기술대학교 IT정책전문대학원.

박성현. 2018. “문재인 정부. 확증편향 함정 빠지나”. 『월간중앙』 제44권 2호 (2월).

박종평. 2001. “미국의 중동정책 기조와 부시행정부의 대 중동정책 전망”. 『국제지역연구』 제5권 3호.

박휘락. 2013. “핵억제이론에 입각한 한국의 대북 핵억제태세 평가와 핵억제전략 모색”.

『국제정치논총』 제53권 3호.

______. 2014. "북한의 핵 공격을 가정한 대피 조치의 필요성과 과제". 『군사논단』 79호.

______. 2015. "한국의 북핵정책 분석과 과제: 위협과 대응의 일치성을 중심으로". 『국가정책연구』 제29권 1호.

______. 2018a. "핵폐기 사례의 분석과 북핵 문제에 대한 함의". 『한국군사학논집』 제74권 3호.

______. 2018b. "일반적 핵대응 포트폴리오에 의한 한국의 북핵 대응사례 평가". 『국제정치연구』 제21권 1호.

______. 2018c. "남북한 군사력 비교에서의 북한 핵무기 영향 판단: 시론적 분석". 『의정논총』 제13권 2호.

______. 2019a. "남북 핵균형을 위한 미 핵무기 전진배치 방안 분석". 『정치정보연구』 제22권 3호.

______. 2019b. "한국군 한미연합사령관 체제의 예상되는 문제점과 과제: 노력통일(unity of effort)을 중심으로". 『국제정치연구』 제22집 2호.

신동훈. 2018. "핵억지 이론을 통해 살펴 본 북한의 핵전략". 『한국군사학논집』 제74권 1호.

안미영. 2019. "하노이 정상회담의 협상 전략 분석: 미국과 영국 언론의 보도 내용을 중심으로". 『커뮤니케이션학 연구』 제27권 2호.

엄철용 · 김호철. 2015. "원칙협상 이론을 활용한 개성공단 사업평가 연구". 『한국지역개발학회지』 제27권 2호.

우평균. 2016. "북핵의 정치적 효과와 대남전략: 비대칭적 상황에서의 전략 추진".『세계지역연구논총』 제34권 4호.

윤민우. 2015. "위기협상 커뮤니케이션의 오인식과 거짓말의 문제와 위기협상 역량강화 방안". 『한국경호경비학회지』 제42호.

윤지원. 2019. "하노이 북 · 미 '핵담판' 결렬, 북핵 해법의 새로운 돌파구 모색인가?" 『국방과 기술』 제481호.

이로리. 2009. "'Mediation'과 'Conciliation'의 개념에 관한 비교법적 연구". 『仲裁硏究』 제19권 2호.

이상근. 2019. "하노이 북미정상회담 평가 및 향후 과제". 『이슈브리프』 제109호.

이성현. 2019. "중국 언론이 보는 한국의 '북핵 중재자' 역할: 인식과 함의". 『세종정책브리프』 No. 2019-07.

이성훈. 2015. "대북 억제전략의 효과성 제고 방안에 관한 연구: 신억제전략의 3요소를 중심으로". 『국가전략』 제21권 3호.

이양구. 2010. “사후과잉 확신편향에 관한 연구”. 『정치커뮤니케이션 연구』 통권 17호.

이예경. 2012. “확증편향 극복을 위한 비판적 사고 중심 교육의 원리 탐구”. 『교육과학연구』 제43권 4호.

이윤식. 2013. “북한의 대남 주도권 확보와 대남전략 형태”. 『통일정책연구』 제22권 1호.

이춘근. 2018. “국제전략적 관점에서 본 미북정상회담: 트럼프. 북한을 중국으로부터 떼어내기 시작”. 『월간조선』 (7월).

이태석. 2016. “하노이 정상회담에서 배우는 ‘협상의 기술’”. 『한경비즈니스』 통권 1216호 (3월).

임수호. 2019. “하노이 북미정상회담 결렬과 향후 전망”. 『KDI북한경제리뷰』 제21권 3호.

쟈오페이. 2010. “중국의 한국전 참전 결정과정의 사례분석: 제니스(Janis)의 집단사고(groupthink) 모형을 중심으로”. 『신아세아』(新亞細亞), 제17권 1호.

쟈오페이 · 이창신. 2017. “집단사고 연구의 체계적 문헌고찰과 상황조건 모형의 구성: 45년간의 연구에 대한 종합적 검토와 평가를 중심으로”. 『조직과 인사관리연구』 제41집 3권.

전봉근. 2018. “6.12 북미정상회담 평가와 한국외교에 대한 함의”. 『주요국제문제분석』, 2018-22.

전성훈. 2009. “북한의 ‘조선반도 비핵화’에 어떻게 대응할 것인가?” 통일연구원 Online Series, CO 9-15.

______. 2019. “비핵화외교의 실패와 한국의 전략적 대응”. 『전략연구』 제26권 2호.

전재성. 2002. “협상이론의 관점에서 본 남 · 북 · 미 3국 간 관계: 이익, 권력, 정체성, 다면게임의 요소 분석”. 『국제지역연구』 제11권 2호.

전호훤. 2007. “북한 핵무기 보유 시 군사전략의 변화 가능성과 전망”. 『군사논단』 제52호.

정성장. 2019. “하노이 북미정상회담의 결렬 원인과 한국 정부의 과제: ‘영변 핵시설 폐기+α’와 유엔안보리 제재 완화 합의 이끌어내야”. 『세종논평』, 2019-06.

정한범. 2019. “하노이 2차 북미정상회담의 한계와 성과”. 『세계지역연구논총』 제37집 1호.

천차현. 2016. “국제정치에서 갈등 관리(conflict management) 연구”. 『아세아연구』 제59권 4호.

편집부. 2016. “한일 군사정보 보호협정 전문”. 『국방저널』 제516호 (12월).

하충룡. 2019. “중재합의의 당사자자치에 관한 미국계약법상 해석”. 『중재연구』 제29권 2호.

함형필. 2009. “북한의 핵전략 구상과 전략적 딜레마 고찰”. 『국방정책연구』 제84권 0호.

허광무. 2004. “한국인 원폭피해자(原爆被害者)에 대한 제연구와 문제점”. 『한일민족문제연구』 제6호.

홍관희. 2017. "한반도 전쟁 발발할 것인가?(1): 전쟁 촉발 요인". 『월간북한』 (8월).

홍동욱. 2016. "북한 위협의 변화와 KAMD 발전방향". 제21회 방공포병 전투발전 세미나 발표자료 (9. 29).

홍석훈. 2018. "문재인 정부의 평화 · 통일 정책: 북핵문제와 미 · 중관계를 중심으로". 『평화학연구』 제19권 1호.

홍우택. 2016. "북한의 국가성향 분석과 모의 분석을 통한 핵전략 검증". 『국방정책연구』. 제32권 4호.

## 신문 및 언론매체

강영두. 2019a. "트럼프 '정은과 아주 좋은 관계 유지… 올바른 합의 있어야'". 『연합뉴스』 (4월 7일).

______. 2019b. "하노이 막전막후… "트럼프 떠나려 하자 최선희 황급히 '金메시지'". 『연합뉴스』 (3월 7일).

김경화. 2019. "정경두 '北미사일. 남에 직접도발 아냐". 『조선일보』 (9월 28일).

김귀근. 2019. "정경두 "지소미아 원론적 수준서 얘기"… 한일국방회담 종료". 『연합뉴스』 (11월 17일).

김수한. 2019. "韓-태국 지소미아 협정 체결… 文정부 신남방정책 달린다". 『헤럴드 경제』 (8월 27일).

김진명. 2018. "미 '북한. 먼저 핵무기 해외 반출하라". 『조선일보』 (5월 29일).

노석철. 2018. "시진핑이 김정은에 코치, 북 돌변해 꼬여". 『국민일보』 (5월 24일).

송수경. 2018. "미 국무부 "북한 시간벌기 허용해주는 비핵화 협상엔 관심 없다"". 『연합뉴스』 (4월 15일).

양승식. 2020. "미, 전술핵 장착 잠수함 실전 배치… 북 · 이란 '외과수술식 핵 타격' 가능". 『조선일보』 (1월 31일).

유용원. 2015. "북권역만 탐지, 사드(THAAD · 高고도 요격미사일) 배치 검토…". 『조선일보』 (2월 24일).

윤형준. 2018. "文대통령 '美가 취할 상응조치, 金위원장과 의견 나눠". 『조선일보』 (9월 21일), A2.

______. 2019. "북, 트럼프 방한 하루 앞두고… 김정은 '핵무력 완성' 업적 과시". 『조선일보』 (6월 29일).

이용수. 2018. "북 '미국의 핵위협 제거가 먼저'… 미 일각 '한국 정부가 해명해야.'" 『조선일보』 (12월 22일).

______. 2019. "김정은이 말한 '비핵화 유훈(遺訓 · 선대가 남긴 가르침)'은 3代에 걸친 기만술". 『조선일보』 (3월 8일).

이충재. 2018. "[전문] 文대통령, 프랑스 '르 피가로' 인터뷰". 『데일리안』 (10월 15일), http://www.dailian.co.kr/news/view/744896/?sc=naver

이하원. 2019. "아베, 한국과 달리 '하노이 결렬' 가능성 미리 알았다". 『조선일보』 (4월 8일).

임민혁. 2018. "트럼프. 김정은에 "1대1 핵담판 하자."" 『조선일보』 (4월 19일).

______. 2019. "570m(미북정상 숙소) 거리… 'CVID 합의' 마지막 진통". 『조선일보』 (6월 11일)

임형섭 · 박경준. 2018. "청 시선은 온통 싱가포르에… '기도하는 심정. 진인사대천명'". 『연합뉴스』 (6월 10일).

정우상. 2018a. "김정은, 고사분계선 넘어 '판문점 성상회담'". 『조선일보』 (3월 7일).

______. 2018b. "김정은 SOS… 문대통령 하루 만에 '깜짝 회담'". 『조선일보』 (5월 28일).

______. 2018c. "청 '싱가포르 남북미 정상회담 가능성 낮아져'". 『조선일보』 (6월 8일).

정욱식. 2014b. "주한미군 사드는 괜찮다고? 제정신인가?" 『프레시안』 (6월 20일).

______. 2014a. "한국의 MD 편입은 '도자기 가게에서 쿵후하는 격'". 『프레시안』 (6월 2일)

정철순. 2018. "美. 北核시설 정밀타격 등 군사옵션 검토 가능성". 『문화일보』 (5월 25일).

정효식 · 유지혜 · 권유진. 2018. "볼턴 '1년 내 비핵화, 문 대통령 제안해 김정은 동의'". 『중앙일보』 (8월 21일).

조의준. 2019. "트럼프 '머잖아 2차 미북정상회담… 결과? 누가 알겠나.'" 『조선일보』 (1월 4일).

조의준 · 김진명. 2017. "북. 미 전역 때릴 수준까지 왔다". 『조선일보』 (1월 30일).

청와대. 2019. "제100주년 3.1절 기념식 기념사". https://www1.president.go.kr/articles/5607

통일부. 2017. "문재인 대통령. 베를린 연설문".

특별취재단. 2018. "트럼프, 대북군사옵션 묻자 '서울에 2천 800만… 얘기하기 싫다'". 『연합뉴스』 (6월 12일).

특별취재반. 2019. "리용호 북한 외무상 기자회견". 『연합뉴스』 (3월 1일).

한국갤럽. 2017. "데일리 오피니언 제286호 (2017년 11월 5주)". https://www.gallup.co.kr/gallupdb/reportContent.asp?seqNo=878

______. 2019. "데일리 오피니언". 제379호 (1월 3주). https://www.gallup.co.kr/gallupdb/fileDownload.asp?seqNo=1062&bType=8

______. 2020. "데일리 오피니언 제384호 (2020년 1월 2주)". https://www.gallup.co.kr/gallupdb/reportContent.asp?seqNo=1078

한중규. 2018. "트럼프식 비핵화로 김정은 압박… '회담장 나갈 수도' 경고". 『서울신문』 (4월 20일).

황준범 · 김지은 · 노지원. 2019. "김정은 '훌륭한 결과 확신': 트럼프 '1차보다 대단할 것'". 『한겨레신문』 (2월 28일).

## 국외문헌

Alfredson, Tanya & Cungu, Azeta. 2008. "Negotiation Theory and Practice: A Review of the Literature." *ASYPol Module 179.*

Allison, Graham T. 1971. *Essence of Decision: Explaining the Cuban Missile Crisis.* Boston: Little. Brown and Company.

Chowdhury, Iftekhar Ahmed. 2015. "Pakistan's Nuclear Deterrence: From 'Credible Minimum' to 'Full Spectrum.'" *ISAS Insight*, No. 295-11.

Cline, Ray S. 1977. World Power Assessment 1977: *A Calculus of Strategic Drift.* Boulder. Colorado: Westview Press.

Department of Defense. 1999. *Report to Congress on Theater Missile Defense Architecture Options for the Asia-Pacific Region.* Washington D.C.: DoD.

______. 2010. *Military and Associated Terms*, As Amended Through 31 January 2011. Washington D.C.: DoD, November 8.

______. 2018a. *Dictionary of Military and Associated Terms*. Washington D.C.: DoD, June.

______. 2018b. *Nuclear Posture Review 2018.* Washington D.C.: DoD.

______. 2018c. Indo-Pacific Strategy Report. Washington D.C.: DoD, June 1.

Euelfer, Charles A. & Dyson, Stephen Benedict. 2011. "Chronic Misperception and International Conflict." International Security Vol. 36, No. 1.

Fisher, Walter T. Ury, Melvin C. & Patton, William E. 2011. *Getting to Yes: Negotiating Agreement Without Giving In*. 3rd ed, Penguin Book.

Frank. Ruediger. 2018. "The North Korean Parliamentary Session and Budget Report 2018: Cautious Optimism for the Summit Year." Informed analysis of events in and around North Korea (38 North), April 19, https://www.38north.org/2018/04/rfrank041918/

French, Paul. 2005. *North Korea: The Paranoid Peninsula.* London: Zed Books.

GFP. 2020. "2020 Military Strength Ranking." https://www.globalfirepower.com/countries-listing.asp

Green, Brian. 1984. "The New Case for Civil Defense." *Backgrounder*, August 29.

Hart, Paul't. 1990. *Groupthink in Government: A Study of Small Groups and Policy Failure.* Baltimore: The Johns Hopkins Univ. Press.

Homeland Security National Preparedness Task Force. 2006. *Civil Defense and Homeland Security: A short History of National Preparedness Efforts*. Washington D.C.: Department of Homeland Security.

Janis, Irving L. 1982. *Groupthink: A Psychological Study of Policy Decisions and Fiascoes.* 2nd ed, Boston: Yale Univ. Press.

Japan Ministry of Defense. 2017. *Defense of Japan 2017*. Tokyo: JMOD.

Jervis, Robert. 1976. *Perception and Misperception in International Politics*. Princeton: Princeton Univ. Press.

Joint Chiefs of Staff. 2017. *Joint Planning*. JP5-0. Washington D.C.

Joy, Charles Turner. 1995. *How Communists Negotiate?* 김홍열 옮김, 2003, 『공산주의자는 어떻게 협상하는가?』, 서울: 한국해양전략연구소.

Kampani, Gaurav. 1998. "From Existential to Minimum Deterrence: Explaining India's Decision to Test." *The Nonproliferation Review* Vol. 6, Issue 1.

Korobkin, Russell. 2009. *Negotiation Theory and Strategy*. New York: Aspen Publishers.

Kristensen, Hans M. & Kord, Matt. 2019. "Status of World Nuclear Forces." Federation of American Scientists Homepage, "https://fas.org/issues/nuclear-weapons/status-world-nuclear-forces/

Kulkirni, Tanvi & Sinha, Alankrita. 2011. "India's Credible Minimum Deterrence: A Decade Later." *IPCS Issue Brief*, No. 179, December.

Lanz, David., et. al. 2008. *Evaluating Peace Mediation*. Stockholm: Center for Peace Mediation.

Levy, Jack S. 1983. "Misperception and the Causes of War: Theoretical Linkages and Analytical Problems." *World Politics* Vol. 36, No. 1.

Lykke, Arthur F. Jr. 2001. "Toward an Understanding of Military Strategy." *U.S. Army*

*War College Guide to Strategy*, Carlisle: Army War College.

Lykke, Arthur F. ed. 1993. *Military Strategy: Theory and Application*. Carlisle Barracks, PA: US Army War College.

Morgenthau, Hans J. 1985. *Politics Among Nations: The Struggle for power and Peace*, 6th Edition, New York: McGraw-Hill.

Nalebuff, Barry. 1988. "Minimal Nuclear Deterrence." *Journal of Conflict Resolution* Vol. 32, No. 3.

Nickerson, Raymond S. 1998. "Confirmation Bias: A Ubiquitous Phenomenon in Many Guises." *Review of General Psychology* Vol. 2, No. 2.

Organization for Security and Cooperation in Europe. 2014. *Mediation and Dialogue Facilitation in the OSCE*. OSCE.

Sandu, Ciprian. 2013. "Mediation: Measuring The Success Of Mediation." *Conflict Studies Quarterly* Issue 2.

Schafer, Mark and Crichlow, Scot. 2010. *Groupthink versus High-Quality Decision Making in International Relations*. New York: Columbia Univ. Press.

Schaub, Gary, Jr. 2004. "Deterrence. Compellence. and Prospect Theory." *Political Psychology* Vol. 25, No. 3.

Schneider, Andrea Kupfer. 2013. "Pracademics: Making Negotiation Theory Implemented. Interdisciplinary. and International." *International Journal of Conflict Engagement and Resolution* Vol 1, No. 2.

Secretary General of United Nations. 2012. "United Nations Guidance for Effective Mediation (UN)". https://peacemaker.un.org/sites/peacemaker.un.org/files/GuidanceEffectiveMediation_UNDPA2012%28english%29_0.pdf

Shelling, Thomas C. 1960. *The Strategy of Conflict*. London: Harvard University.

Smith, Shane. 2015. "Implications for US Extended Deterrence and Assurance in East Asia." *North Korea's Nuclear Futures Series* (US-Korea Institute at SAIS).

Stein, Arthur A. 1982. "When Misperception Matters." *World Politics* Vol. 34, No. 4.

Stoessinger, John G. 2011. *Why Nations Go to War*. 11th ed, Boston: Wadsworth.

Trachtenberg, Marc. 1985. "The Influence of Nuclear Weapons in the Cuban Missile Crisis." *International Security* Vol. 10, No. 1.

United Nations. 2019. "Charter of the United Nations." https://www.un.org/en/sections/un-charter/chapter-vi/index.html

Wallensteen, Peter and Svensson, Isak. 2014. "Talking peace: International mediation in armed conflicts." *Journal of Peace Research* Vol. 51, No. 2.

Walzer, Michael. 2000. *Just and Unjust Wars: A Moral Argument with Historical Illustrations*. 3rd ed, New York: Basic Books.

Yoo, John C. 2004. "Using Force." Berkeley School of Law Public Law and Legal Theory Research Paper Series. *University of Chicago Law Review* 71.

Zagurek, Michael J. Jr. 2017. "A Hypothetical Nuclear Attack on Seoul and Tokyo: The Human Cost of War on the Korean Peninsula." 38th North, http://www.38north.org/2017/10/mzagurek100417/

Zahra, Farah. 2012. "Credible Minimum Nuclear Deterrence in South Asia." *IPRI Journal*, Vol. 12, No. 2.

# 찾아보기

ㄱ



ㄴ



ㄷ



ㄹ



ㅁ

ㅊ



ㅋ



ㅌ



ㅍ



ㅎ

## ABC



## 123

**박휘락(朴輝洛, Park Hwee Rhak)**

현 국민대학교 정치대학원 부교수
전 국민대학교 정치대학원장

육군사관학교 졸업(34기, 1978년)
대대장, 연대장, 주요 정책부서 근무
고등군사반, 육군대학, 합동참모대학 모두 수석 졸업
미국 National War College 졸업(석사)
경기대학교 정치전문대학원 졸업(정치학 박사)

『북핵상식 Q&A』(2019)
『북핵 억제와 방어』(2018)
『북핵위협과 안보』(2016)
『북핵위협시대 국방의 조건』(2014)
『평화와 국방』(2012) 등 10여 권
안보 관련 논문 100여 편

e-mail: hrpark5502@hanmail.net